安徽省自然科学基金项目(2308085Y30)
安徽省高等学校科学研究项目(2023AH040154)
安徽省重大基础研究项目(2023z04020001)
安徽省重点研发计划项目(2022107020029)
安徽省非常规天然气工程技术研究中心开放基金[MTKCY-2024-32-2(FCG)]

联合资助

基于碎软低渗煤层精细表征的 CO_2-ECBM 流体连续过程及 CCUS 源汇匹配研究

Study on Fluid Continuous Process of CO_2-ECBM Process Based on Fine Characterization of Crushed Soft Coal and Low-permeability and Its Matching of CCUS Source and Sink

方辉煌　顾承串　徐宏杰
刘会虎　魏　强　张　琨　编著

中国地质大学出版社
CHINA UNIVERSITY OF GEOSCIENCES PRESS

图书在版编目(CIP)数据

基于碎软低渗煤层精细表征的 CO_2-ECBM 流体连续过程及 CCUS 源汇匹配研究/方辉煌 等编著. —武汉:中国地质大学出版社,2024.11. —ISBN 978-7-5625-6019-7

Ⅰ. TD823.2;P618.11

中国国家版本馆 CIP 数据核字第 2024J84N04 号

基于碎软低渗煤层精细表征的 CO_2-ECBM 流体连续过程及 CCUS 源汇匹配研究	方辉煌 等编著
责任编辑:周 豪　　　　选题策划:周 豪 李应争	责任校对:张咏梅
出版发行:中国地质大学出版社(武汉市洪山区鲁磨路 388 号)	邮编:430074
电　　话:(027)67883511　　　传　　真:(027)67883580	E-mail:cbb@cug.edu.cn
经　　销:全国新华书店	http://cugp.cug.edu.cn
开本:787mm×1092mm　1/16	字数:263 千字　印张:10.25
版次:2024 年 11 月第 1 版	印次:2024 年 11 月第 1 次印刷
印刷:湖北睿智印务有限公司	
ISBN 978-7-5625-6019-7	定价:58.00 元

如有印装质量问题请与印刷厂联系调换

前 言

碳达峰、碳中和(简称"双碳")是全球应对气候变化的必由之路之一。近年来,世界各国均将科技创新作为实现"双碳"目标的重要保障。CO_2 地质封存与 CH_4 强化开采(CO_2-ECBM)是实现"双碳"目标的兜底技术之一。该技术是 CO_2 捕集、利用与封存(CCUS)技术的核心环节,即将工业捕集的 CO_2 注入地下,并实现 ECBM 协同减碳,最终达到与大气长久隔离的目的。CCUS 技术是实现化石能源低碳化不可或缺的技术,也是火电、化工、钢铁、水泥等难减排行业深度脱碳的可行技术方案和未来支撑碳循环利用的主要技术手段。国内外先导性试验和工程示范初步证实了 CO_2-ECBM 技术的有效性、安全性及潜在经济性,呈现了 CO_2-ECBM 技术作为 CCUS 核心环节接近商业化的前景。

CCUS 是复杂且特殊的工业系统,CO_2 排放源与封存汇往往不在同一区域,极易受河流、道路、人口密度、土地利用等因素影响,且 CCUS 项目建设投资成本较大,建成后不易改变,因此 CCUS 项目的最优规划与布局以及合理部署就尤为重要,而这需要首先解决源汇匹配问题。CCUS 源汇匹配问题的本质是优化问题,随着 CCUS 技术发展和碳减排需求日益迫切,规模化和集群化部署成为 CCUS 技术的必然趋势,而科学、合理的源汇匹配是 CCUS 集群部署工程选址的重要依据和 CCUS 管网设计、建设的基础,能够为 CCUS 项目建立高效 CO_2 输运管网,降低减排成本。

我国地质构造条件复杂,多数石炭纪—二叠纪煤田经历了复杂的构造演化,煤层遭受强烈的挤压和揉皱,煤体破碎、力学强度低、渗透率低,被称为碎软低渗煤层。地处安徽省的两淮矿区是碎软低渗煤层典型发育区,该煤层处于地下深部,集相对高地温、高地层压力、高地应力和相对低渗透率等特点于一身。实现 CO_2 封存地质体多尺度精细建模及跨尺度透明化表征,有利于可视化示意 CO_2-ECBM 过程的气液运移演化路径,是验证 CCUS 技术地质适宜性的重要前提。聚焦 CO_2-ECBM 有效性理论内涵剖析,在碎软低渗煤层内开展 CCUS 技术地质适宜性理论研究,并探讨 CCUS 源汇匹配性及其管网优化性,是 CCUS 领域值得探索的新方向,可助推国家"双碳"目标的实现。

为进一步探讨数字岩石物理技术在煤储层孔裂隙结构研究中的应用,从宏观和微观角度探讨 CO_2-ECBM 流体连续过程内涵,并进一步剖析 CCUS 源汇匹配问题,作者以安徽省自然科学基金项目(2308085Y30)、安徽省高等学校科学研究项目(2023AH040154)、安徽省重大基础研究项目(2023z04020001)、安徽省重点研发计划项目(2022107020029)和安徽省非常规天然气工程技术研究中心开放基金[MTKCY-2024-32-2(FCG)]为依托,以两淮煤田深部碎软低渗煤层为研究对象,以深部碎软低渗煤层多尺度孔裂隙结构数字化重构表征、微观尺度 CO_2-ECBM 流体连续过程实验及其数值模拟、宏观尺度 CO_2-ECBM 流体连续过程数值模拟和碎软低渗煤层 CCUS 源汇匹配及管网优化为核心研究内容，将先进技术的应用与能源地质问题相结合，以期望对煤层气开发地质与煤层 CO_2-ECBM 有效性理论研究及 CCUS 源汇匹配研究提供重要的学术与实用价值。

本书内容分为两淮煤田煤储层地质模型构建、样品采集与分析方法、碎软低渗煤层多尺度孔裂隙结构数字化重构表征、微观尺度 CO_2-ECBM 流体连续过程数值模拟、实验室尺度 CO_2-ECBM 流体连续过程实验模拟、工程尺度 CO_2-ECBM 过程数值模拟、碎软低渗煤层 CCUS 源汇匹配及管网优化七大部分。全书由方辉煌副教授、桑树勋教授、魏强副教授、顾承串讲师主持撰稿。全书稿件由桑树勋教授、刘会虎教授、徐宏杰教授审校，插图由方辉煌副教授、魏强副教授审校。

本书在撰写过程中，参考并引用了大量学术专著、科技论文、科研报告、软件说明书及网络文献等，引用了"基于深部碎软低渗煤层精细表征的 CO_2-ECBM 流体连续过程多场多相耦合及其传质机理""两淮煤田碎软低渗煤层以 CO_2 地质封存为目标的 CO_2-ECBM 有效性理论研究"及"基于有效性理论凝练的两淮煤田碎软低渗煤层 CO_2-ECBM 示范工程甜点区优选研究"等部分科研课题的成果。中国矿业大学低碳能源研究院刘世奇研究员，中国矿业大学资源学院周效志副教授、黄华州副教授、王冉副教授，安徽理工大学地球与环境学院刘会虎教授、徐宏杰教授，宿州学院魏强副教授，合肥工业大学侯晓伟副教授，在本书写作思路上提供了建设性意见；中国矿业大学桑树勋教授、安徽理工大学刘会虎教授所带领的科研团队的部分研究生参加了样品采集、制备与测试等工作。在此，谨向上述单位、个人表示诚挚的谢意！

本书牵涉的内容较多、范围较广，由于作者水平有限，难免存在遗漏和不妥之处，恳请读者批评指正。

作者谨识
2024 年 6 月

目 录

第1章 两淮煤田煤储层地质模型构建 ……………………………………… (1)
  1.1 基础地质条件 ……………………………………………………………… (1)
  1.2 低渗煤储层煤层气成藏条件 ……………………………………………… (2)
  1.3 典型低渗煤储层的煤层气地质模型 ……………………………………… (7)

第2章 样品采集与分析方法 ………………………………………………… (14)
  2.1 样品采集与制备 …………………………………………………………… (14)
  2.2 煤储层数字岩石物理表征 ………………………………………………… (19)
  2.3 数值模拟软件开发 ………………………………………………………… (26)
  2.4 CCUS 源汇匹配及其管网优化方法 ……………………………………… (27)

第3章 碎软低渗煤层多尺度孔裂隙结构数字化重构表征 ………………… (32)
  3.1 孔裂隙结构参数定义 ……………………………………………………… (32)
  3.2 微米尺度孔裂隙结构特征 ………………………………………………… (34)
  3.3 纳米尺度孔裂隙结构表征 ………………………………………………… (48)
  3.4 孔裂隙结构多尺度粗化表征及其孔渗特性示意 ………………………… (52)

第4章 微观尺度 CO_2-ECBM 流体连续过程数值模拟 …………………… (56)
  4.1 CO_2-ECBM 流体连续过程数值模拟 …………………………………… (57)
  4.2 CO_2-ECBM 过程连续性机制分析 ……………………………………… (68)

第5章 实验室尺度 CO_2-ECBM 流体连续过程实验模拟 ………………… (74)
  5.1 碎软低渗煤层的渗透性特征 ……………………………………………… (74)
  5.2 碎软低渗煤层的 CH_4 吸附与 CO_2 驱替特征 ………………………… (79)
  5.3 碎软低渗煤层 CO_2-ECBM 过程的气水运移特征 …………………… (87)

第6章 工程尺度 CO_2-ECBM 过程数值模拟 ……………………………… (107)
  6.1 多物理场全耦合数学模型 ………………………………………………… (107)
  6.2 数学模型验证及对比分析 ………………………………………………… (114)
  6.3 地质模型、数值方案及求解条件 ………………………………………… (117)
  6.4 CO_2-ECBM 流体连续过程数值模拟 …………………………………… (120)
  6.5 CO_2-ECBM 注气工艺影响因素分析 …………………………………… (126)
  6.6 CO_2-ECBM 工程理论指示意义 ………………………………………… (130)

第7章 碎软低渗煤层 CCUS 源汇匹配及管网优化 ……………………………………（135）
  7.1 研究区地质背景 ……………………………………………………………（135）
  7.2 淮南煤田各类型地质体 CCUS 源汇特征 …………………………………（136）
  7.3 CO_2 地质封存潜力评估 ……………………………………………………（137）
  7.4 CCUS 源汇匹配结果 ………………………………………………………（140）
  7.5 CCUS 源汇匹配管网优化 …………………………………………………（143）
  7.6 CCUS 源汇匹配管网规划设计思路 ………………………………………（145）

主要参考文献 ……………………………………………………………………（148）

第1章　两淮煤田煤储层地质模型构建

1.1　基础地质条件

1.1.1　区域地层

安徽省两淮地区地层区划上属于华北地层大区东南缘的晋冀鲁豫地层区徐淮地层分区，东以郯庐断裂带为界与华南地层大区毗邻，北、西均以省界为界与河南、江苏、山东三省相接，南至颍上-定远断层[1-2]。区内除中奥陶世晚期至早石炭世地层缺失外，其他各时代地层均较发育，按照由老到新的顺序，由太古宇、青白口系及震旦系、寒武系及奥陶系、石炭系及二叠系、三叠系、侏罗系及白垩系、古近系、新近系及第四系组成[3]。

1.1.2　含煤地层

安徽省华北赋煤区内的含煤岩系为华北型石炭纪、二叠纪地层，自下而上，包括本溪组、太原组、山西组、下石盒子组和上石盒子组。含煤岩系主要分布在淮南煤田、淮北煤田，通常为了便利，将淮南煤田、淮北煤田合称为两淮煤田[4]。淮南煤田主要分布在淮南市、凤台县及阜阳市一带，含煤地层基本上呈东西向延展[5]，可进一步划分为淮南矿区、潘谢矿区和阜东矿区。淮北煤田主要分布在宿州市、淮北市以及涡阳、萧县等地，含煤地层基本上呈南北向展布，可进一步划分为濉萧矿区、临涣矿区、宿县矿区和涡阳矿区[4]。

1.1.3　构造特征

两淮地区区域上属于华北陆块南缘的徐淮地块，煤系地层赋存于淮北断陷带（淮北煤田）和淮南断褶带（淮南煤田），二者之间为蚌埠隆起。淮北煤田总体表现为东推西陷构造格局，东部为徐宿推覆构造，西部为涡阳-临涣断陷带。淮南煤田总体表现为南推北滑构造格局，南部为阜凤推覆构造，北部为上窑-明龙山反冲构造，中部为淮南复向斜[1,6-7]。

1.1.4　构造发展史

两淮煤田沉积区的地质发展史，基本上与中朝准地台所经历的地质发展史一致。本区曾发生多次构造运动，经历了太古宇（五台期）、古元古界（吕梁期）、新元古界（蓟县期）、下古生界（加里东期）、上古生界（海西期）、中生界（印支期及燕山期）和新生界（喜马拉雅期）7个构造层的多旋回构造演化[8]，反映其经历了地台基底形成阶段、地台稳定发展阶段和准地台多旋回活动阶段,由此形成了现今两淮地区的构造格局。

1.2 低渗煤储层煤层气成藏条件

安徽省煤炭资源丰富,主要分布在两淮地区的两淮煤田,主要含煤段为二叠系。截至 2020 年底,两淮煤田保有煤炭资源量 300 亿 t,与之伴生的煤层气资源也很丰富,据估算,两淮煤田－2000m 以浅煤层气预测资源量为 8 984.7 亿 m^3,其中淮南煤田为 5 008.3 亿 m^3,淮北煤田为 3 976.4 亿 m^3[9-10]。两淮煤田成煤后发生过多期次地质构造运动,导致构造煤发育,煤体结构破碎;煤岩压实作用强烈,储层物性差,致密低渗。两淮煤田煤层气地面抽采试验工作始于 20 世纪 90 年代,主要施工煤层气参数井和少量排采试验井,主要技术手段为直井压裂抽采。勘查主力是安徽省国有煤矿企业,起初是开展煤层气地面抽采试验,效果不佳,后来结合煤矿瓦斯治理的需要,采用井上井下结合,抽采采动卸压区、采空区瓦斯,创立"一井三用"模式,取得了较好效果;其次是在安徽省登记的煤层气矿权人,如中联公司等,主要开展煤层气地面抽采试验,大部分探矿权区块进展缓慢,近年部分区块取得了重要进展。煤层气以井下抽采为主,地面抽采仅在宿州区块取得初步成功,其中单井产量介于 $800 \sim 1500 m^3/d$ 之间[1,4]。

1.2.1 煤层展布特征

两淮煤田含煤地层为一套三角洲体系和障壁岛体系相互交替的沉积序列,具有煤层数量多、厚度大、煤层间距较小、横向变化不大以及在较大范围内稳定分布等特点。两淮煤田含煤地层由下而上分为太原组、山西组、下石盒子组、上石盒子组,为一套由浅海沉积,经滨岸沉积,转变为三角洲沉积的序列[11];太原组虽含有煤层,但厚度小,不是开采的主要对象,主要可采煤层分布在山西组、下石盒子组和上石盒子组[12-13]。煤储层的垂向分布特征主要表现为受沉积作用影响,煤层出现重复与缺失、增厚与变薄、变深与变浅,以及煤层结构、层间距、产状和顶底板岩性变化等。

淮南煤田二叠系总厚度约 750m,分 7 个含煤段,含煤 20～30 层,煤层总厚度约 45m;可采煤层 11～19 层;可采厚度 23～30m,平均 26.5m,占煤系总厚度的 3.53%;可采煤层中,1、4、8、11-2、13-1 等煤层为主要可采煤层。丰富的煤层使得煤层气的生成具有良好的物质基础[1,14]。

淮北煤田地层总厚度约 920m,自上而下含 1—11 计 11 个煤(层)组,含煤 5～25 层,最多达 34 层,常见为 16 层,总厚度 7.10～21.95m,平均厚度 14.25m,占煤系地层总厚度的 1.55%。其中全区、基本全区或全区大部可采的煤层有 3-2、7-2、8-1、8-2、10-2 煤层,煤层总厚度 2.20～28.15m,平均厚度 10.70m,占全部煤层厚度的 75.09%[1,14]。

1.2.2 煤层气烃源岩特征

对两淮地区煤层的煤岩、煤质以及生气潜力研究发现:从变质程度来看,淮北煤田煤类较齐全,多处受到岩浆侵入的影响,煤类有弱黏结煤、气煤、肥煤、焦煤、1/3 焦煤、瘦煤、贫煤及无烟煤,局部有天然焦。相对淮北煤田来说,淮南煤田的煤类较为单一,浅部的煤质通常为气煤,深部的煤质大多为1/3焦煤、焦煤[1,8,15-17]。

从有机质丰度看,煤系和煤层具有相当高的有机质丰度,显示其具有较高的产烃潜能。从有机质类型看,煤系地层中煤及分散有机质的物质来源主要是陆生的高等植物,有机质类型属腐殖型(Ⅲ型)母质,有不同程度上的偏混合型(Ⅱ型)特征,各煤层煤岩组分主要由生烃能力较强的镜质组、惰质组组成,有利于煤层气的生成。从有机质成熟度看,两淮地区的煤变质作用包括两个时期:早期为深成变质作用,使得有机质的成熟度有所提高,以反射率指标来表示,$R_{o,max}$达到了0.6~1.2%,大致相当于气煤、肥煤阶段;到了燕山期,由于受强烈的岩浆活动的影响,在淮北煤田发生了较大面积的岩浆热变质作用,造成有机质在早期深成变质作用的基础上,成熟度又发生了普遍的增高,从而形成了现今淮北煤田煤类分布的格局,而在淮南煤田的岩浆活动仅仅局限于潘集—丁集一带,属燕山中期岩浆活动产物,对煤的变质仅有局部影响[18-19]。总之,两淮煤田含煤岩系的有机质丰度、有机质类型和有机质成熟度,为本区大量煤型天然气的形成提供了极为有利的条件。

值得一提的是,潘谢矿区深部煤系有机质干酪根主要来源于陆生高等植物,类型属于$Ⅱ_2$-Ⅲ型,局部存在少量的$Ⅱ_1$型,具有良好的天然气生成潜力[20]。

1.2.3 煤储层物性特征

煤储层的物性特征包括煤储层的孔隙性、渗透性、吸附-解吸特性和储层的压力特征等方面,这些特征都对煤储层的含气性、渗透性能以及煤层气的开采潜力起到控制作用或产生重要影响。

首先,两淮煤田煤层中的构造煤十分发育[21-22]。通常将煤的破坏类型分为Ⅰ、Ⅱ、Ⅲ、Ⅳ、Ⅴ类,Ⅰ、Ⅱ类为原生结构煤,Ⅲ、Ⅳ、Ⅴ类为构造煤[23]。在地质历史演化过程中,煤层会经受各种地质作用,从而发生结构上的变化。煤体结构就是指现今煤层表现出来的结构特征,对煤储层物性有重要影响,原生结构煤层具有煤层气勘探开发的良好物性条件;而煤体结构严重破坏者,其煤体松软,呈粉状,强度低,渗透性差,是煤矿安全生产和煤层气开发的不利因素。淮南煤田山西组1、3煤层和上石盒子组上部17-1、16-1煤层以碎裂煤为主,上石盒子组下部13-1煤层、下石盒子组上部11-2煤层以碎粉煤和糜棱煤为主[24]。淮南煤田构造煤表现为多次构造应力叠加作用的结果,层间滑动导致了构造煤的区域分布,断层导致了构造煤的局部分布。淮南煤田众多的可采煤层中,物性条件不尽相同,其中4、11-2和13-1煤层中构造煤较发育,煤体的原生结构遭到破坏,常见揉皱、层间滑动现象。对淮南矿区谢二矿井下煤层的研究表明:4、11-2和13-1煤层内Ⅲ+Ⅳ+Ⅴ类结构类型的构造煤分层厚度分别占单层煤厚的70.1%、61.7%和73.8%;煤层的原生结构遭到破坏,煤体为碎块状及粉末状,影响着煤层的透气性和渗透性(表1-1)。矿区其他煤层中的构造煤占比较小,煤体强度相对较高,煤层的原生结构保存良好,物性条件较好,有利于煤层气的运移与聚集。

两淮煤田内,各煤层均显示出经过地质构造变动所形成的结构特征,但不同地区、不同煤层之间在构造煤发育程度上均存在差异[25-27]。在淮南煤田潘集区,以13-1、8、4-1煤层构造煤发育程度最高,11-2、7-1、6-1、5-2、4-2、3、1煤层构造煤发育程度较低;张集区以11-2、6-1、1煤层构造煤发育程度较高,而 13-1、9、8 煤层构造煤发育程度较低,新集区各煤层构造煤发育程度均较高。在淮北煤田桃园、祁南、祁东,以 7-2、8-2 煤层构造煤发育程度较高,而 6-1、7-1 和 10 煤层构造煤发育程度较低。

表 1-1 淮南矿区各煤层构造煤发育厚度统计表

煤层	1	3	4-1	4-2	6	7	8	9	10	11-2	13-1
总厚/cm	206	265	124	127	181	246	298	155	120	347	405
Ⅲ＋Ⅳ＋Ⅴ类煤厚/cm	0	0	87	89	0	12	42	87	15	214	299
Ⅲ类煤厚/cm	0	0	43	53	0	0	0	15	0	113	243
Ⅳ类煤厚/cm	0	0	32	36	0	12	14	0	0	61	21
Ⅴ类煤厚/cm	0	0	12	0	0	0	28	72	15	40	35
软煤比	0	0	0.702	0.701	0	0.049	0.141	0.561	0.125	0.617	0.738

其次,关于构造煤形成的原因。构造煤的形成主要受两个方面因素的影响。一是构造应力场及其演化[28-29]:含煤岩系是由软、硬岩层互层组成的,由于岩层的力学性质不同,在褶皱过程中就产生了不同的变形,有的平缓,有的剧烈,其中坚硬岩层的流动速度和程度比塑性大的岩层要慢且微弱,这种速度和程度的差异造成了上下岩层不同的褶皱程度和层间滑动现象。煤层与围岩相比,因其强度低,在构造应力作用下极易破碎而发生形变,这种层间滑动和顶底板之间的相互揉搓,是形成构造煤成层分布的主要原因,并往往导致向斜和背斜的轴部及转折端部位构造煤厚度增加,煤厚也相应增大。因此,层间滑动是导致区域构造煤分布的重要因素。二是煤、煤层、围岩的特征[30-31],如在同一矿区的不同煤层或者同一地点的同一煤层中的不同煤分层,它们的后生破碎程度不尽相同甚至相差很大。这表明,影响煤的后生破碎除了构造应力的因素外,还应包括煤的物质组分因素。煤的物质组分特征不同,其物理力学性质就存在差异,在统一的构造应力场的作用下,煤的后生破碎会因物质组分特征的差异而有不同的破碎程度。又如顶底板岩性、厚度不同且变化的煤层,遭受构造破坏的程度不同。通常,煤层顶底板岩性越坚硬、厚度越大,煤体结构越易破碎;煤层伪顶越厚、含水越多的煤层,韧性变形越大,层间滑动越明显。

最后,关于两淮煤田煤层渗透率低的原因。据张文永[1],两淮煤田主要可采煤层的孔隙度测试表明,淮北煤田各主采煤层的孔隙度为 3.36%～10.34%,平均为 5.80%,其中 7 煤层的孔隙度最高,可达 10.34%,其他煤层孔隙度一般为 3.00%～6.00%;淮南煤田各主采煤层的孔隙度为 2.47%～9.03%,平均为 6.19%,且表现出上部煤层的孔隙度整体高于下部煤层。煤层试井渗透率测试结果表明,两淮煤田煤层渗透率分布于 $(0.002\sim3.210)\times10^{-3}\ \mu m^2$,变化范围较大(表 1-2),总体来说煤层渗透率偏低。位于宿东向斜的矿井,煤层含气量高,为高瓦斯突出矿井。由于宿东向斜的断裂构造以逆断层为主,构造封闭条件较好,煤层气不易逸散,但煤层的渗透率差,绝大部分煤层的渗透率在 $0.1\times10^{-3}\ \mu m^2$ 以下,煤层气勘探前景不容乐观。

表 1-2 两淮煤田煤层渗透率试井成果

地区	孔号	煤层	试井渗透率/$10^{-3}\mu m^2$
淮北桃园	CQ4	7-1、7-2	3.210
淮北芦岭	CQ5	8、9	0.463
淮南潘集	Ⅶ G1	13-1	2.100
	Ⅰ G2	13-1	0.004
淮南谢李	Ⅳ-Ⅴ G1	13-1	0.040
		11-2	0.002
	Ⅵ-Ⅶ G2	11-2	0.472
		8、7、6	0.478
淮南新集	CQ2	13-1	0.260
		8	0.390
		6	0.090
淮南顾桥	CQ3	C13	0.011
		6	0.040

对深部煤炭资源勘查、煤炭开采技术、地应力特征、非常规天然气的研究引起越来越多的重视。随着煤层埋深的增加、煤储层原地应力的增大,渗透率明显减小。如窦新钊等综合分析认为,刘庄煤矿深部主要煤层埋深大,孔裂隙系统发育差,渗透率低,而且具有低含气量和低饱和度的特征;13-1、11-2、8 煤层试井渗透率分别为 $0.12\times10^{-3}\mu m^2$、$0.09\times10^{-3}\mu m^2$ 和 $0.08\times10^{-3}\mu m^2$,属于渗透性差的储集层[13]。

1.2.4 煤储层含气性特征

对两淮煤田煤储层含气量的研究程度较高,如对诸多矿井、淮南煤田、淮北煤田等都有很多研究成果[14,17,32-33]。两淮煤田煤储层含气量受矿区构造形态的控制明显,各矿井实测含气量一般为 0~25.85m³/t。由于两淮煤田煤系上覆松散层较厚(一般为 400~500m),一些煤储层含气量大于 8m³/t 的储层深度一般在 1000m 以下,含气量高的部位多位于向斜或煤储层埋深较大部位。

淮北煤田全区主要煤层实测煤层气含量为 0~24.79m³/t。从分布规律来看,淮北煤田煤层气含量的特征为南高北低、东高西低。南高北低体现在,以宿北断裂为界,北部濉萧矿区的含气量较低,通常不到 4m³/t,而南部的宿县矿区、临涣矿区的含气量高。东高西低体现在,南部的煤层气富集程度不同,含气量自东向西减小,具体表为:首先在宿县矿区的桃园、祁南矿深部煤层含气量最高,可达 20m³/t 以上,由东至西煤储层含气量逐渐减小;其次为濉萧矿区东部的任楼、海孜和许疃深部,煤层含气量一般在 15~20m³/t 之间,袁店深部一般在 10m³/t 左右,其他地区含气量相对较小;最后涡阳矿区煤储层含气量整体偏低,除八里桥、花沟东稍高外(8 煤层含气量一般为 5~10m³/t),其他地区含气量均小于 4m³/t。

淮南煤田主要煤储层实测含气量为 0~25.85m³/t。从分布规律来看，淮南煤田总体表现出南高北低、东高西低趋势。含气量的总体展布格局主要受矿区构造形态变化控制，具体体现在：在淮南矿区，含气量为中间高、两端低。中间高，即在谢家集李郢孜的深部，煤层气含量最高(可达 20m³/t 以上)；原谢一矿、谢二矿、谢三矿，以及新庄孜、李一矿的范围，煤层气含量较高，一般为 8~20m³/t，平均为 10m³/t；在东部的李郢孜矿及西部的孔集、李咀孜矿，煤层气含量最低，一般小于 8m³/t。潘谢矿区潘集背斜东部倾伏端的潘一井、潘二井煤层气最富集，局部含量可达 15~25m³/t，向西减少，到张集、新集井田再次富集，往西至谢桥、罗园井田又逐渐减小。阜东矿区煤储层含气量较高部位主要位于矿区东南部的刘庄深部，煤层气含量一般为 10m³/t 左右，向西则逐渐减小，至刘庄浅部、口孜东和口孜西井田煤层气含量一般小于 4m³/t。

1.2.5 封盖层条件

煤层气藏与常规天然气藏不同，煤既是气源岩，又是储集层。一般来说，煤的生气量很大，远远超过现今各煤层的实际含气量，这主要是由煤岩自身的吸附能力和保存条件的不同造成的。煤层气属于自生自储式，不需要初次运移，这就要求自生气开始，就有良好的封盖条件，才能使煤层气得以保存。泥页岩、盐岩、膏岩及致密碳酸盐岩等，如其透气性差，就可以形成良好的封盖层而有效地阻止煤层气的垂向运移，有利于煤层气的保存。据陈资平[34]，对安徽两淮煤田含煤地层的生储盖组合的研究，不仅有助于对浅层天然气，同样也有助于对煤层气封盖层条件的认识。两淮煤田含煤地层由砂页岩互层夹煤层组成，以泥岩发育较好的层段为界，可以分为 4 个大的组合，即下石盒子组下部泥岩以下为第一组合，下石盒子组上、下部两组泥岩之间为第二组合，上石盒子组中部泥岩之下为第三组合，以上为第四组合。第一组合的生气层主要为暗色泥岩、灰岩及煤层，暗色泥岩的分散有机质丰度较高，有机质类型为腐殖型，但因含有低等生源的有机质，除产气外有少量生油的可能；储集层为砂体、灰岩及煤层；盖层为下石盒子组下部的花斑状泥岩及高岭石泥岩，层位稳定，全区分布，但封闭性能较差。第二组合的生气层主要为煤层，次为碳质泥岩、暗色岩等；主要的储集层为砂体及煤层；盖层为含菱铁鲕粒的块状泥岩；这一组合生气母质均为腐殖型，泥岩的有机质丰度较高，特别是煤层厚度大、层数多，砂体多发育于煤层及暗色泥岩之间，淮北地区如刘桥、临焕等矿井有漏失冲洗液现象，但泥质岩盖层封闭性较差，层数及厚度变化较大。第三组合的生气层主要为煤层或碳质泥岩，母质为腐殖型，丰度由南而北逐渐降低，两淮北部已降至最低丰度以下；主要储集层为砂体及煤层，但砂体层数少，有 2~3 层较厚砂体，在淮南及淮北南部煤层发育较好；盖层发育较好，厚度大，稳定性亦佳，排驱压达 3.9MPa 以上。第四组合主要分布在淮南煤田，淮北地区只有薄煤层或碳质泥岩薄层，以杂色粉砂岩、泥质岩为主，已缺少生气母质；淮南地区生气层为煤层及碳质泥岩；砂体多集中在上石盒子组上部，孔渗性能较好，泥质岩发育，封闭性亦好，排驱压达 6.7MPa；在全区来说本组合是盖层发育良好的层段，可以成为区域性盖层，这对两淮煤田自生自储的气藏发育是有利的。

从封盖层条件来看，两淮煤田二叠系含煤岩系由一套碎屑岩夹煤层组成，其中砂岩约占 31%，泥岩占 50%，粉砂岩占 15%，煤占 4%。砂岩又以细砂岩为主，约占 70%，中砂岩占

20%,粗砂岩较少。研究区内可采煤层顶底板岩性多为致密的泥岩或砂质泥岩,仅局部为砂岩顶板或造成煤层的局部冲刷。对淮南煤田潘谢矿区 13-1、11-2 煤层顶板 30m、50m 内岩性的统计结果显示,粉砂岩、泥岩及其互层占统计段内 50%～80%[4]。对含煤地层中 169 件样品的测试结果显示,砂岩的渗透性甚低。渗透性在 $(1\sim10)\times10^{-3}\mu m^2$ 之间者仅有 8 件,占 4.73%;在 $(1\sim0.1)\times10^{-3}\mu m^2$ 之间者有 57 件,占 33.73%;小于 $0.1\times10^{-3}\mu m^2$ 者有 104 件,占 61.54%。大部分砂体不具渗透性[34]。两淮煤田石炭系—二叠系中泥质岩较发育,这些泥质岩可以构成气藏的盖层。在剖面上,各层段均有泥质岩层分布,泥岩总厚占煤系总厚度的 45% 左右;在某些层段较集中,如山西组下部、下石盒子组底部及顶部、上石盒子组中部、含煤地层顶部等,其中以下石盒子组下部及上石盒子组中部的泥岩最稳定,几乎全区均有分布。对下石盒子组下部泥岩、上石盒子组中部花斑状泥质岩、上石盒子组顶部花斑状泥质岩的采样测定结果显示,排驱压分别为 0.348 56MPa、3.984MPa、6.717 28MPa,由此呈现出含煤地层由下而上泥岩的封闭性有渐渐变好的趋势。据赵志义等[12],受沉积环境影响,两淮煤田含煤岩系广泛发育暗色泥页岩,沉积有 7 套厚度较大、分布较稳定的富有机质泥页岩段。总体来说,两淮煤田以上石盒子组、下石盒子组泥页岩最为发育,山西组次之,这些层位的暗色泥页岩单层厚度较大,稳定性较好。依据孔渗测试、压汞试验等分析,淮北煤田二叠系砂岩为低孔低渗储层:下石盒子组的孔隙度为 2.7%,渗透率为 $0.18\times10^{-3}\mu m^2$,喉道半径为 $0.014\mu m$;山西组孔隙度为 3.7%,渗透率为 $0.46\times10^{-3}\mu m^2$,喉道半径为 $0.042\mu m$;上石盒子组孔隙度为 4.1%,渗透率为 $0.95\times10^{-3}\mu m^2$,喉道半径为 $0.047\mu m$[35]。可见,在研究区内的煤层围岩组合及其物性特征,均表现出封闭性能好,可成为良好的盖层,有利于煤层气的富集与保存。

1.3 典型低渗煤储层的煤层气地质模型

本节从聚煤盆地基底构造、成煤期古构造格局和煤层沉降埋藏史 3 个方面进行总结和探讨两淮地区煤层气成藏过程,表述煤层气成藏的地质模型。诸多研究者对研究区的聚煤盆地基底构造、成煤期古构造格局和煤层沉降埋藏史(如淮南煤田、淮北煤田、两淮煤田)开展了研究,得出了相同或相近的认识。

1.3.1 聚煤盆地基底构造

两淮煤田石炭系—二叠纪含煤岩系之下发育有太古宇至下古生界的地层。太古宇和古元古界为古老的变质岩系,四堡运动使之全部褶皱隆起,其上角度不整合地覆盖新元古界青白口系至下古生界奥陶系,为稳定发育阶段的盖层沉积物。由于两淮煤田含煤岩系的直接基底为中、下奥陶统灰岩,因此奥陶系形成时期的构造运动可说明聚煤期前的基底构造特征[36]。

两淮地区奥陶系主要发育下统和中统,全区缺失上统沉积,且各组地层均有自南向北逐渐增厚的特点。在早、中奥陶世,两淮地区的构造运动以东西向构造为主,淮北地区的沉降幅度大于淮南地区,沉降中心位置偏北且没有发生明显的位移。这种南北地层厚度上的差异,虽然在奥陶纪中晚期地壳长期隆起遭受剥蚀,但仍表现得十分明显。在奥陶系厚度相对较薄的淮南地区仍有中奥陶统上段地层存在,说明加里东期两淮地区地壳整体隆起后,地形在南北方向上没有较大差异,反映出构造运动的和缓稳定,这也正是本区在奥陶纪晚期剥蚀夷平成为准平原化地貌的基础,同时也为聚煤坳陷的形成创造了先决条件。中奥陶世末,加里东运动使得华北板块与扬子板块会聚,洋壳下插,两淮地区抬升隆起并长期遭受剥蚀和夷平,导致石炭系的基底趋于平缓,并呈现南高北低的地形,晚古生代的地壳整体沉降并在其上接受沉积,形成石炭纪—二叠纪连续稳定沉积的聚煤坳陷。

两淮煤田含煤岩系的盆地基底未受到较大断裂的切割,基本是一个完整连续的基底面,地势平坦,无大的构造分异,仅在局部地带发育有短轴状的侵蚀洼地及一些近东西向的次级小隆起和凹陷。基底面的连续性和构造分异微弱的特点,说明两淮聚煤坳陷的基底古构造运动以地壳和缓的垂直升降运动为特征,聚煤盆地的形成与地壳的沉降作用有直接关系。

1.3.2 成煤期古构造格局

两淮地区主要的含煤地层时代为石炭纪—二叠纪,因此对聚煤期构造格局的研究时期为从晚石炭世到晚二叠世[36]。

晚石炭世:华北板块长期经受风化剥蚀,地壳整体下降,海水大面积入侵,在侵蚀面上沉积了本溪组。皖北地区地层厚度整体较小,并呈现北厚南薄、西厚东薄的特点,地层厚度由北西向南东变薄,并尖灭于淮南等地。这种厚度差异主要是由于在地壳沉降幅度方面,淮北地区的构造运动强于淮南地区的构造运动。皖北地区存在两个坳陷,且整体表现为南高北低的地形面貌,构造沉积中心集中于本区北部。

早二叠世早期:该时期早期,皖北地区处于缓慢抬升时期,后期由于受早期海西运动和加里东运动的综合作用,本区再度沉降。随着地壳继续下沉,在本溪组上沉积了太原组。在该时期,皖北地区基本继承了上一时期的构造特点,地层仍为北厚南薄,由北向南逐渐从170m减小到130m,从临泉—阜阳—淮南一线往南地层厚度稳定。沉降中心位于濉溪和萧县一带,厚度大于170m。在蒙城—宿州一线表现出一个近东西向的相对坳陷区。在淮南地区西部存在着小型古隆起。

早二叠世晚期—中二叠世早期:该时期继承下伏地层沉积期的构造活动特点,地壳沉降活动北部大于南部。从岩相古地理角度可以看出,本期末华北盆地发生自北而南的全面海退,河流作用加强,古水流方向由北而南,说明地形北高南低。该时期皖北为滨岸地带,地势比较平坦,仅有部分地区低洼一些,形成不明显的坳陷,地层厚度稳定,一般为70~80m。另外,该时期气候温暖、潮湿,适宜植物生长,故成煤条件较为有利。皖北地区在该时期沉积了淮南、淮北的山西组煤系地层。

中二叠世晚期:皖北地区该时期主要沉积了下石盒子组,另外还包括上石盒子组底部。该时期和上一时期一样,继承下伏地层沉积期的构造活动特点,古水流方向由北而南,地形北高南低。地层厚度一般为220~260m,变化不大,存在一些不明显的近东西向(北东东向)的坳陷和小型隆起。皖北地区当时处于滨岸地带,地形平坦,气候温暖潮湿,适宜植物生长,加上当时发生最大海侵时,海水又波及此处,带来泥沙覆盖在植物之上,成煤条件有利,使该时期成为安徽省内主要成煤期之一。

晚二叠世早期:该时期地壳又一次发生相对明显的快速沉降。由于地壳的快速沉降,海水快速入侵,不利于发生聚煤作用。该时期是皖北地区地层厚度最大的时期,主要沉积了上石盒子组上部,地层厚度变化大,在460~720m之间。其中,涡阳—宿州—灵璧一线作为沉积中心,地层厚度较大,为600~700m;南部和北部为隆起区,地层厚度一般在500m左右。该时期主要构造线方向为近东西向。

综合上述特点可以看出,两淮地区各时期地层等厚线均表现出地层厚度由北向南变薄,等厚线呈东西向展布,差异升降运动主要表现在南北方向上,东西方向不明显。一般沉降中心厚度大,为坳陷区;非沉降中心、厚度变薄带,为隆起区。但由于后期构造运动的叠置,地层厚度发生变化。古构造和岩相古地理具有明显的相关性,岩相古地理受到了古构造严格控制,而聚煤作用则是古构造与岩相古地理、沉积环境、古气候综合作用的结果。

1.3.3 煤层沉降埋藏与煤层气成藏

首先,关于对淮南煤田的研究结果。石炭纪—二叠纪海陆交互相含煤地层沉积后,早三叠世开始克拉通内陆相沉积,至中三叠世末期,淮南潘集地区潘气1井位置的石炭系—二叠系最大埋深达到3200m左右(图1-1)。晚三叠世开始,受印支运动的影响,区域古构造应力场以南北向挤压为特点,形成近东西向构造,淮南地区受挤压作用相对隆升,并形成淮南复向斜雏形。晚侏罗世开始的燕山中期运动,伴随着潘集地区的岩浆侵入事件,潘气1井位置继续抬升,至晚侏罗世末期抬升了约200m。早白垩世开始,区域上表现为岩石圈的大规模伸展减薄,淮南地区随之进入伸展裂解状态,发生大规模的隆升作用。潘气1井位置在白垩纪—古近纪持续隆升剥蚀,剥蚀厚度超过1000m,至古近纪末期,煤系埋深约1900m。新近纪开始,构造活动减弱,整个华北地区表现为坳陷式均匀沉降,淮南地区沉积了厚50~500m的新近系和第四系[21]。潘气1井位置新生界沉积厚度为168m,石炭系—二叠系再次发生沉降埋藏,现今最大埋深超过2000m。

石炭纪—二叠纪煤系形成后,经历过燕山中期的构造-热事件,但是研究区燕山中期岩浆作用对中生代古热流状态影响十分有限,不足以形成区域性的岩浆热力场,淮南煤田现今煤阶展布特征也表明煤系有机质热演化以深成变质作用为主。由图1-1可知,中三叠世—晚三叠世末期,潘气1井位置煤系长期埋深在2000m以下,最高古地温超过140℃,使得热演化作用持续进行,至三叠纪末期达到最大值,煤系有机质成熟度(R_o)主要分布在0.7%~1.4%之间,煤变质程度达到气煤、肥煤、焦煤等,同时产生大量的热成因气。从侏罗纪开始,随着煤系的持续抬升,热演化作用终止。

淮南煤田地处华北板块东南缘,成煤期后经历了印支运动、燕山运动和喜马拉雅运动[36]。在多次构造运动改造作用下,形成了南北两侧为上窑-明龙山反冲构造带和阜凤逆冲推覆构造带、中部为淮南复向斜的构造格局。从现今构造发育特征来看,淮南煤田由于濒临大别造山带,受印支期南北向挤压影响最大,总体表现为压性构造特征,对煤系天然气资源保存有利。

其次,关于淮南煤田煤层气成藏地质模式。淮南煤田由阜凤推覆体、上窑-明龙山推覆体和夹持于两个推覆体之间的淮南复向斜3个体系组成,这3个体系构成3个独立的煤层气聚集单元。张新民归纳的淮南煤田煤层气成藏的地质模式如下。

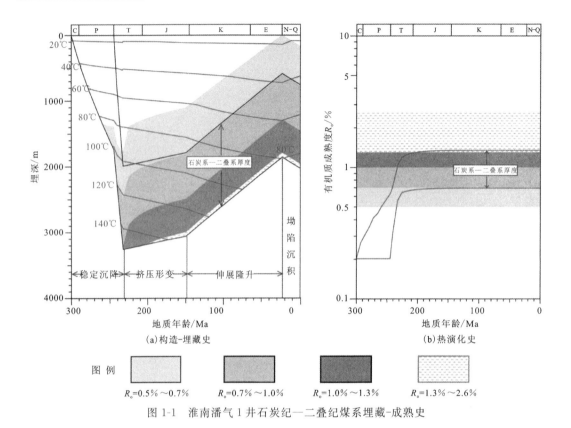

图 1-1 淮南潘气 1 井石炭纪—二叠纪煤系埋藏-成熟史

华北克拉通聚煤盆地南部,在二叠纪持续出现近海平原沉积聚煤环境,而淮南煤田位于山西组、下石盒子组、上石盒子组 3 个地层富煤区的中心部位,在潮坪或上、下三角洲平原过渡带环境下形成的 13-1 等 5 个主要可采煤层,在整个煤田范围稳定分布,成为各煤层气藏的主力煤层;煤层的围岩为泥岩-细砂岩的薄互层组合,一些砂岩体在平面上呈席状,有时是伴生"砂岩气"的储层(或含水层);煤系中、上部发育的花斑泥岩层,厚度大,连续性好,延展范围广,在大范围内对煤层气具有较好的封闭能力。这些沉积背景使整个淮南煤田煤层气具有相同的生、储、盖基本条件。

二叠纪煤层形成后被连续沉积的上覆地层掩埋,最大埋深在 3200m 左右,直到 120Ma,主要煤层的埋深均保持在 2500～3000m 之间,煤的深成变质作用持续进行,煤变质程度达到气煤、肥煤阶段,并有大量热成因气体生成,这些热成因气是淮南煤田煤层气成藏的主要气源。160～120Ma 的热事件使潘集及其周围地区的煤层叠加了岩浆热变质作用,煤级提高到焦煤(局部已形成天然焦),煤层的吸附能力和割理发育程度比其他区域高。

120～23Ma 期间,淮南煤田发生强烈的隆升作用和长时期的剥蚀作用,致使主要煤层的埋深小于 1000m,有的煤层已出露地表,煤层气赋存的原始平衡条件遭到破坏,气体大量逸散。由于煤层与大气、地下水进行物质交换,在煤层露头以下的一定深度内形成瓦斯风化带。这些变化对煤层气成藏是十分不利的。自 23Ma 以来,随着淮南煤田再次沉降,二叠纪煤层被再次埋藏。由于埋藏浅,煤层没有发生两次热生气作用。但是,大气降水下渗,淡水和甲烷菌进入煤层及其围岩,生成次生生物气,使淮南煤田的煤层气藏成为热成因气与次生生物气共存的复合型煤层气藏。

燕山运动产生的由南向北的强烈挤压、推覆作用,使淮南煤田受到深刻的改造,二叠纪煤系的整体性遭到破坏,煤系(煤层)的空间位置及相对关系发生移动、形态改变,这些都深刻地影响着煤层气的赋存及运移。挤压、推覆作用形成的阜凤推覆体和淮南复向斜是两个独立的煤层气赋存单元。淮南复向斜内发育的次级背斜、向斜和主要断裂等构造,使煤储层具有不同的构造形态和变形特征,连续性遭到破坏,构成各个煤层气藏的天然边界。在淮南复向斜内的挤压构造环境中,由于存在由早期拉张作用形成的伸展构造,煤系中张性裂隙比较发育,因而提高了煤储层的渗透性。燕山期的构造变形决定了淮南煤田各个煤层气藏的形态、分布及主要特征。

煤田南、北侧的低山丘陵地区,地下水交替频繁,径流条件好,水动力对煤层气的封堵能力很差。煤田中部平原地区,即淮南复向斜展布区域,为汇水区,浅部地下水力坡度平缓,深部处于滞流状态,使煤层维持较高的静水压力,对煤层气产生有效的水力封堵作用。

然后,关于对淮北煤田的研究结果。宿南向斜煤层气地质演化历程可分为煤层气低水平聚集的第Ⅰ阶段和第Ⅱ阶段、煤层气大量聚集且散失作用较发育的第Ⅲ阶段和以散失作用为主的第Ⅳ阶段(图1-2)。第Ⅰ阶段、第Ⅱ阶段煤有机质成熟度低,生成煤层气量少,煤层含气量很低,各模拟参数的横向分异不明显,煤层气聚散作用微弱。第Ⅲ阶段,燕山运动使全区古地热场呈高异常,煤有机质成熟度迅速增高,至本阶段末基本上达到了现今的成熟度,煤有机质大量生气,含气量、储层压力以及扩散散失量均快速上升,在本阶段末达到整个演化历程的最大值。第Ⅳ阶段,燕山运动后,古地热场恢复正常,煤化作用完全停止,煤有机质不再生气,只存在煤层气的散失作用,在大部分时间内,扩散为主要散失方式[37]。

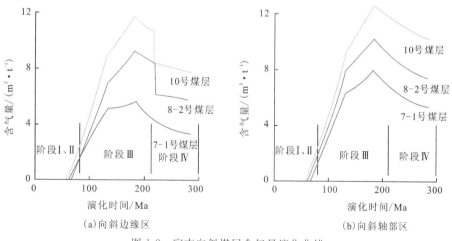

图1-2 宿南向斜煤层含气量演化曲线

武昱东等[38]采用镜质组反射率古温标和古热流法恢复了淮北煤田宿县矿区、临涣矿区晚古生代以来的热史和构造沉降史,认为研究区构造-热演化对煤层气的控制可分为3个阶段:一是热成因气生成阶段,两淮煤田地壳明显加厚、煤层埋深迅速增加(达3000m),盆地基底热流值持续上升并在晚侏罗世达到峰值($50\sim81mW/m^2$),煤层在强烈变形变质作用中经历了较高的古地温(140～180℃),有利于热成因煤层气生成;二是气藏破坏阶段,晚侏罗世晚期至白垩纪,两淮煤田进入伸展减薄阶段,地层遭受大量剥蚀,热流值迅速减小,二叠系含煤地层被抬升至近地表甚至出露,原来生成的热成因煤层气大量逸散;三是次生生物气补充阶段,古近纪之后,构造活动逐渐减弱,盆地恢复沉降、接受沉积,热流值减小速度变缓,并趋于稳定,煤层温度一度处在2～50℃之间,有利于次生生物气的大量生成。热史反演结果与华北东部构造演化阶段基本相符,并与大别-苏鲁碰撞造山作用以及华北东部晚中生代构造体制转折和克拉通破坏、岩石圈减薄密切相关,大致可分为4个阶段:石炭纪—二叠纪,淮北地处华北板块南缘的被动大陆边缘,稳定沉降,形成了连续的石炭纪—二叠纪煤系地层,所以热流值持续稳定;早—中三叠世,扬子板块向华北板块俯冲,开始发生碰撞造山作用,至晚侏罗世早期碰撞造山作用趋于结束,在此过程中,地处前陆褶皱冲断带的淮北煤田发生强烈的构造作用,形成了自东向西的徐-宿逆冲推覆构造,地壳加厚,煤层埋深迅速增加,构造剪切热的叠加,使热流值迅速增大;侏罗纪晚期至白垩纪,大别-苏鲁造山带进入造山后的伸展拆离阶段,整个华北东部岩石圈构造体制由原来的挤压加厚转为大规模伸展减薄,克拉通遭到破坏,两淮煤田随之进入伸展状态,地层拆离减薄,煤系地层相对抬升,热流值迅速减小;古近纪后,构造活动逐渐减弱,盆地趋于稳定,古热流值也随之恢复稳定。

最后,对两淮煤田进行总结。淮南煤田和淮北煤田的埋藏历史是相似的,淮北地区二叠纪基底的最大埋深为3050m,淮南地区则为3000m。在煤系地层形成后,煤层埋深和温度的演化可分为3个主要阶段:三叠纪—中侏罗世,二叠纪地层埋深很快增加到3000m,煤系地层经历的地温最高达到180℃;晚侏罗世—白垩纪,二叠纪地层抬升,上覆地层遭受厚度1800～2650m的侵蚀;从古近纪开始,沉积恢复,含煤地层在相当长一段时间内经历的地温稳定在27～50℃之间。

煤层温度主要受煤层埋藏深度的控制,在这种情况下,煤的深成变质作用在煤化过程中起主导作用。另外,燕山期的构造-热事件使煤层叠加了岩浆热变质作用,提高了煤的变质程度,造成了煤的二次生烃,煤级提高到焦煤或更高,在局部地区甚至已形成天然焦。

1.3.4 两淮煤田煤层气的聚集特征

煤层气是一种非常规天然气,其自生自储的特点与常规天然气的生、储、盖、运、聚、保等基本成藏地质条件不同。煤层气成藏富集的基本条件主要包括生成条件、储集条件和保存条件。

从生成条件来看:两淮煤田具有煤层数量多、厚度大,在较大范围内稳定分布的特点;含煤岩系的有机质丰度、有机质类型和有机质成熟度,都有利于煤层气的形成;燕山期的构造热事件使煤层叠加了岩浆热变质作用,提高了煤的变质程度,造成了煤的二次生烃。因此,两淮煤田具有很好的煤层气生成条件。

从储集条件来看:煤层气是一种非常规天然气,有别于常规天然气,具有自生自储的特点,甲烷主要以吸附状态赋存于煤层孔隙的表面;多期次的构造运动导致两淮煤田构造煤发育,煤体结构破碎、强度低,渗透性差,是煤层气开发的不利因素;受岩浆侵入影响的区域,煤储层的特征趋于复杂化。因此,总体上,煤储层具有构造复杂、构造煤发育、强度低、渗透性差的特点。

从保存条件来看,煤层的埋藏深度大,所受压力大,煤系上覆地层多为致密的泥岩或砂质泥岩,有利于气体的保存;在浅部或在局部地方遇有开放性断层,则不利于甲烷的保存。因此,两淮煤田总体上有利于煤层气的保存。

综上所述,两淮煤田含煤地层物化性质分析及其地质模型构建,可为碎软低渗煤层多尺度孔裂隙结构数字化重构、不同尺度 CO_2-ECBM 流体连续过程数值及实验模拟,以及 CCUS 源汇匹配研究提供必要的基础地质信息,即为微观尺度、实验室尺度及工程尺度 CO_2-ECBM 流体连续过程提供初始条件、边界条件等地质约束参考,为深部不可采煤层、残留煤体、采空区等多类型地质体 CCUS 源汇匹配及其管网优化提供基础数据支撑。

第 2 章 样品采集与分析方法

2.1 样品采集与制备

2.1.1 样品采集及基础测试

在对两淮煤田相关矿区地质背景调研的基础上,本次研究所采集的煤样分别位于两淮地区刘庄(LZ)、任楼(RL)、潘一(PY)、祁东(QD)的煤矿(图 2-1)。刘庄煤矿的煤质属中灰、低硫—特低硫、低磷—特低磷、中高发热量的优质气煤;任楼煤矿煤质同为优质气煤;潘一煤矿煤质产品优良,具有"三低一高",即低灰、低硫、低磷、发热量高的优点,是优良的炼焦配煤和动力煤;祁东煤矿煤质以气煤、肥煤、1/3 焦煤为主,含少量无烟煤。样品均采自井下新鲜工作面,且样品的采集、包装及运输均按照国家及国际相关标准执行(即 GB/T 6948—2008 和 GB/T 8899—2013)。采集后的样品也在第一时间内用卫生纸及保鲜膜进行防水、防氧化处理。

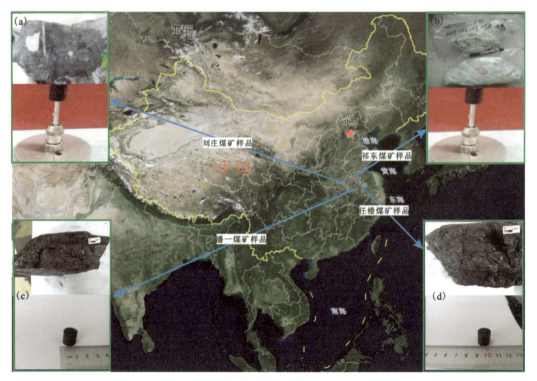

图 2-1 采样点分布

第2章 样品采集与分析方法

刘庄煤矿位于淮南煤田西部,东起陈桥断层与谢桥煤矿毗邻,西起胡集断层与板集煤矿接壤。东西走向长16km,南北宽3.5~8km,面积约82.2114km²(图2-2)[39]。

矿区的煤系地层为石炭系与二叠系,其中二叠系的山西组与上、下石盒子组为主要含煤层段[13]。样品采集主要涉及13-1、11-2及8等煤层(图2-2)。采样时,按实际涉及工作面采煤情况,每块样品大约2kg。样品采集后,用包装袋装上,防止其风化,记录采样点信息后托运至实验室封存,留待实验所需。煤岩煤质特征见表2-1,有机组成主要是镜质组,其次是惰质组,最后为壳质组。对主要煤层的工业分析和元素分析测试结果的统计表明,矿区主要煤层的水分含量为1.94%~2.31%,灰分含量为16.16%~22.04%,挥发分含量为35.92%~37.56%,碳含量为83%以上,氢含量为5.4%左右。

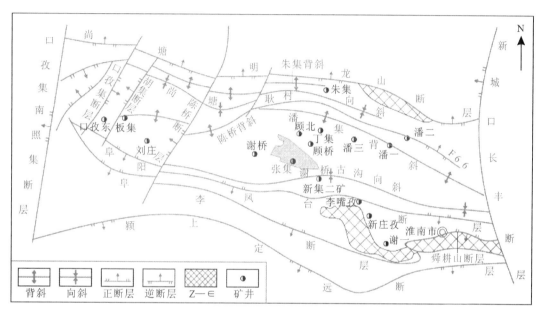

图2-2 淮南煤田地质构造示意及采样点分布区

表2-1 刘庄煤矿煤岩煤质特征

样品	有机组分/%			工业分析/%		
	镜质组	惰质组	壳质组	M_{ad}	A_d	V_{daf}
刘庄	65.97	27.37	16.62	2.31	20.8	36.53

潘一煤矿位于潘集背斜南翼及东西部倾伏转折端南翼。地层走向自东向西为30°~330°,倾向南东—南西,倾角由浅入深逐渐变缓(20°~7°)。井田内以斜切张扭性断层为主,压扭性断层次之,构造较简单,煤层变化不大。井田内有小型岩浆岩侵入体,主要对1煤层至11煤层有不同程度的影响,使煤层局部被岩浆岩吞蚀,变为天然焦。二叠系的山西组和石盒子组为本区主要含煤地层。中下部的石盒子组和山西组含可采及局部可采煤层15层,平均总厚度29.68m,自下而上划分为5组7个含煤段,下部4个含煤段为矿井主要开采对象[40](图2-3)。

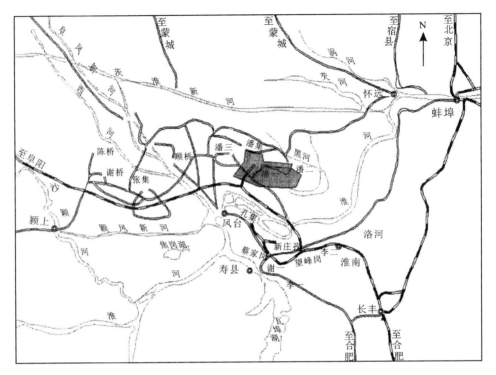

图 2-3 潘一煤矿位置图

潘一煤矿样品采集时,采集井下块状样品,主要涉及 13-1 和 11-2 两个煤层,共采集 6 件样品。基础数据显示,煤中有机显微组分以镜质组为主,次为惰质组,壳质组最少。13-1 和 11-2 煤层中有机组分总量分别为 84.77% 和 87.49%,黏土类矿物平均含量为 13.54% 和 11.65%。无机组分总量分别为 15.23% 和 12.51%。无机组分中黏土矿物为褐色、褐灰色,呈线理状、透镜体、团块状、楔形状、细粒分散状,并与有机质镶嵌共生,偶见充填破碎的丝炭或木煤胞腔;碳酸盐矿物多为方解石,有色高突起,呈薄膜状、脉状产出,充填有机质裂隙,偶见充填星弧状丝炭胞腔;硫化物多为黄铁矿,呈星球状,微晶集合体充填有机质空洞;菱铁矿呈团块状,光学异性强,具珍珠色内射,非均质消光明显。两个煤层镜质组反射率最小为 0.76%,最大为 1.05%,平均值分别为 0.89% 和 0.97%(表 2-2)。

表 2-2 潘一煤矿煤岩煤质特征

煤矿	镜质组/%	惰性组/%	壳质组/%	有机组分总量/%	无机组分总量/%	$R_{o,max}$
	最小值~最大值(平均值)					
潘一煤矿	44.29~62.31 (55.53)	20.89~36.53 (27.25)	13.37~19.18 (17.22)	72.43~91.25 (84.77)	8.75~27.57 (15.23)	0.76~1.05 (0.89)

任楼煤矿位于安徽省宿州市西南约 30km 的濉溪、蒙城两县交界处,属于淮北煤田临涣矿区的东南部。矿区北起界沟断层,南部亦以断层和许疃井田相邻,南北长 9.8~14km,宽 1.2~3.5km,总面积 43km²[41-42]。矿区基底由太古宇和古元古代深、中深变质岩系及中元古

代浅变质岩系组成,盖层从底到顶为稳定地台型沉积,从新元古界至古生界二叠系,总厚度约3000m,但区内缺失上奥陶统至下石炭统及三叠系。受断层控制,井田内基岩面自北向南埋深增加,北部埋深-200m,而南部达到了-280m(图2-4)。

任楼煤矿样品采集主要涉及8煤层,以1/3焦煤和气煤为主。根据矿井煤层8128工作面展布情况,对8煤层样品进行采集。在工作面的不同位置上,分别采集了多件样品,每件块状样品质量约1kg。样品采集后,记录煤样采集位置、底板等高线等信息,同时对样品进行编号。样品的一部分,根据试验要求将其粉碎至相应的目数用于基础煤岩显微组分、工业分析等测试;另外一部分,则根据CT微米成像等测试项目,将样品粉碎或钻取圆柱状样品,留待其他项目测试。任楼煤矿煤质的基本信息如表2-3所示。

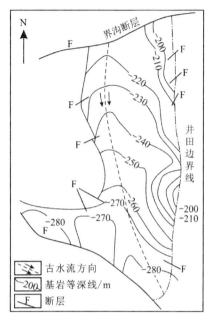

图2-4 任楼煤矿基岩埋深及构造示意图

表2-3 任楼煤矿煤岩煤质特征

煤矿	有机组分/%			工业分析/%			$R_o/\%$
	镜质组	惰质组	壳质组	M_{ad}	A_{ad}	V_{daf}	
任楼煤矿	64.1	21.5	14.4	1.46	23.5	28.26	0.90

2.1.2 样品制备

X-ray CT技术无需测试煤样样品有特殊形状。遵循的原则为:不同尺寸的样品所需的最高分辨率不同,样品尺寸越小,扫描的最高分辨率越高,且无需考虑横向尺寸。本次研究,X-ray CT扫描成像所采用的样品为直径2mm、高度2mm左右的小煤柱,由机械钻样机钻取(图2-5)。

FIB-SEM技术对样品的制备规格要求为:将煤样切割成合适大小的块体(5cm×5cm×1cm),需对切割样品进行喷金处理,以便增强样品的导电性,煤样切割深度必须小于50μm。

扫描样品的制备过程主要包含4个方面[43-45]:①FIB定位及粗加工,样品交换室的导航相机可对感兴趣的区域进行定位,并可在SEM上获得宽视野、无畸形的图像[图2-6(a)];②自动制样及参数定义,定义包含漂移修正、表面沉积以及粗切、精细切割等参数[图2-6(b)];③纳米手转移,导入机械手,将薄片样品焊接在机械手的针尖上,并将薄片样品与样品基体连接部分精细切割使其分离[图2-6(c)];④样品减薄,可通过同时收集两个探测器(SE探测器、Inlens SE探测器)的信号判断薄片厚度[图2-6(d)]。

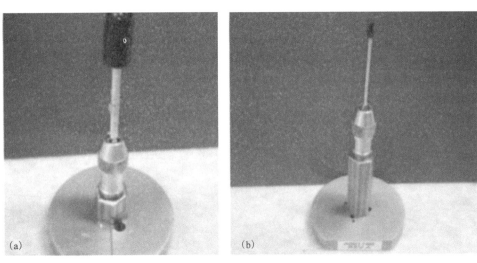

图 2-5 制备完成且可用于 X-ray CT 扫描的实验样品

(a)刘庄样品;(b)祁东样品

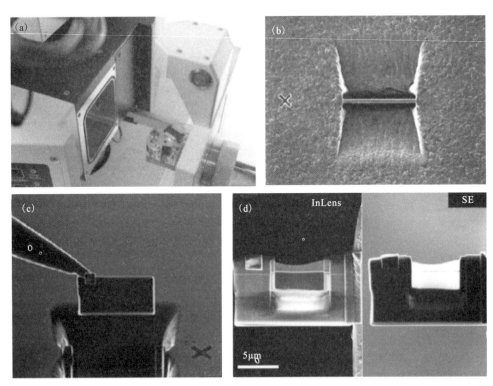

图 2-6 FIB-SEM 样品制备过程(图片来源:bbs.elecfans.com)

(a)FIB 定位及粗加工;(b)自动制样及参数定义;(c)纳米手转移;(d)样品减薄

2.2 煤储层数字岩石物理表征

2.2.1 数字岩石物理数据获取方法

本次研究主要采用 X-ray CT 扫描与 FIB-SEM 三维切割扫描。基于此,可获得煤储层岩石物理数据,即煤储层孔裂隙结构的三维重构数据。X-ray CT 扫描分析和 FIB-SEM 三维切割扫描分析分别采用德国 Carl Zeiss 公司生产的 Xradia 520 Versa CT 扫描仪[图 2-7(a)]和 Crossbeam 540 聚焦离子束扫描电镜[图 2-7(b)][46-48]。

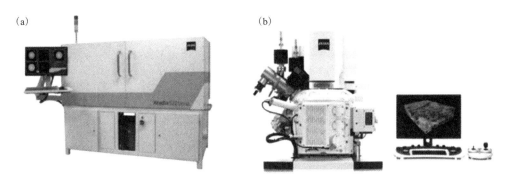

图 2-7 孔裂隙结构三维模型构建系统
(a)Xradia 520 Versa CT 扫描仪;(b)Crossbeam 540 聚焦离子束扫描电镜

1. X-ray CT 扫描技术

X-ray CT 扫描技术是指利用 X 射线对被检测物体进行立体切片式扫描成像,并利用计算机编程语言或相应的可视化技术进行扫描切片的立体重构技术,此技术可对非透明物体内部组成及结构进行无损化扫描。

1)X-ray CT 扫描成像系统

在数字岩石物理实验中,X-ray CT 扫描成像系统主要由 X-ray 源、精密样品台、高分辨率探测器、数据处理系统及控制器系统等组成(图 2-8)。所发出的 X 射线经扫描样品后被高分辨率探测器接收,继而被转化为电信号后输送至计算机。控制器系统控制着整个 X 射线扫描过程。被扫描样品的密度越大,则对 X 射线源所发出的 X 射线吸收越多。利用计算机技术可获得样品的三维灰度图像,图像内的灰度值与被扫描样品的密度值存在联系,灰度值间的差异正好可以反映样品内部组成及结构的差异。

2)X-ray CT 扫描成像原理

根据光电效应,当 X 射线通过物体时,X 射线可被物体吸收,从而使其强度减弱[49-50]。以一个线性衰减系数为 μ 且均匀分布的材料为例,当其被 X 射线以入射强度 I_0 照射时,X 射线的衰减服从朗伯比尔定律[49,51-52]:

$$I = I_0 e^{-\mu \Delta x} \tag{2-1}$$

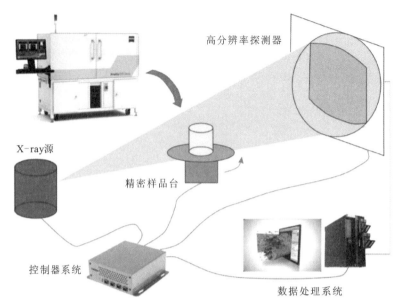

图 2-8　X-ray CT 扫描成像系统组件

式中：I 为 X 射线穿透物体后的光强；Δx 为入射 X 射线的穿透长度。

对于由多个元素组成的混合物或复合材料而言：

$$\mu = \sum_{i}^{n} a_i \mu_i \tag{2-2}$$

式中：μ_i 与 a_i 分别表示某一组成部分 i 的衰减系数和质量分数，则

$$I = I_0 e^{-\mu_1 \Delta x} e^{-\mu_2 \Delta x} e^{-\mu_3 \Delta x} \cdots e^{-\mu_n \Delta x} = I_0 e^{-\sum_{i=1}^{n} \mu_i \Delta x} \tag{2-3}$$

式(2-3)可以进一步推算为

$$-\ln \frac{I}{I_0} = \ln \frac{I_0}{I} = \sum_{i=1}^{n} \mu_i \Delta x = \int_L \mu_i \mathrm{d}x \tag{2-4}$$

由式(2-4)可知，X 射线衰减系数与传播路径的线性积分等于输入强度与输出强度之比的对数。在 X-ray CT 扫描技术中，通过对射线衰减系数的计算来实现图像的重建，这一系数与式(2-4)中的比值密切相关。

3) X-ray CT 扫描核心步骤

X-ray CT 扫描的是直径 2mm、高度 1mm 的圆柱体，每个样品共扫描 3600 次，扫描像素为 200nm，空间分辨率为 $1\mu m$。X-ray CT 扫描步骤主要为：①将待扫描煤样固定于精密样品台上，并打开 X 射线源开关；②高分辨率探测器检测被扫描样品所吸收、衰减后的 X 射线；③计算机软件自动记录并存储转化为电子信号后的 X 射线；④一次扫描成功后，旋转样品台上的样品夹持器至一定角度，并重复完成一次新的扫描，待样品夹持器旋转角度达到 360°时，就完成了一个煤样的全部扫描工作。X-ray CT 扫描所获得的煤样三维结构模型为边长 $300\mu m$ 的正方体。该微米尺度三维结构模型为孔裂隙三维网络模型构建提供了煤样的基本结构信息。

利用 X-ray CT 扫描构建三维结构模型包含多个复杂的步骤：二维 CT 切片预处理、阈值选取与图像分割、代表性体积单元分析，其中阈值的选取是识别孔隙的关键[53]。

2. FIB-SEM 三维切割扫描成像

众所周知，场发射扫描电子显微镜（FE-SEM）具有出色的成像和分析性能，聚焦离子束（FIB）具有优异的加工性能，聚焦离子束扫描电镜（FIB-SEM）正好结合了 FE-SEM 与 FIB 在加工、成像与分析等性能方面的优势。较高的样品扫描分辨率及能真实还原煤岩孔裂隙的三维结构一直是数字岩石物理技术所追求的目标[49]。

基于镓离子束的连续切割及同一时间下电子束的成像，FIB-SEM 技术能在追求较高分辨率的同时，避免人造孔裂隙的产生，可提供一种研究煤岩纳米孔隙结构的新手段[54]。FIB-SEM 三维切割扫描采用与 X-ray CT 扫描相同的小煤柱样品，且构建方法与 X-ray CT 扫描类似。

1）FIB-SEM 扫描原理

离子束的功能主要在于刻蚀样品观察面，电子束的作用主要在于对刻蚀后的观察面进行成像[55-56]。电子束与离子束位置固定，但样品台可移动，且离子束与水平面有 38°的夹角，因此，需要旋转样品台 52°，使样品台与离子束相垂直。设置离子束能量以与观察面剥蚀厚度要求相一致。离子束边剥蚀，电子束边成像，不断重复，直到扫描成像全部完成[54,57-58]（图 2-9）。

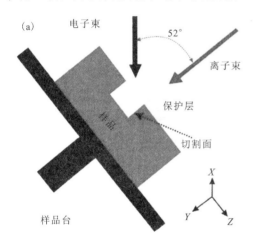 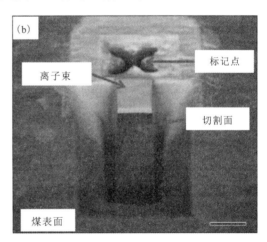

图 2-9　FIB-SEM 扫描
(a)FIB-SEM 成像原理示意图；(b)BSE 成像

2）FIB-SEM 扫描步骤

FIB-SEM 扫描步骤[59-60]：①放置测试样品于 FIB-SEM 样品室，并开始抽真空；②开启电子束装置，同时调整电镜工作距离，并基于背散射模式选择感兴趣区域；③旋转样品台与水平面呈 52°，并对感兴趣区域进行喷金处理；④离子束刻蚀样品观察面，电子束对刻蚀后的观察面进行成像；⑤先用大束流离子束剔除感兴趣区域周缘，再利用小束流离子束进行细切；⑥依据观察面剥蚀厚度要求，进行离子束、电子束参数设置；⑦离子束边剥蚀，电子束边成像，不断重复，直到扫描成像全部完成（图 2-10）。

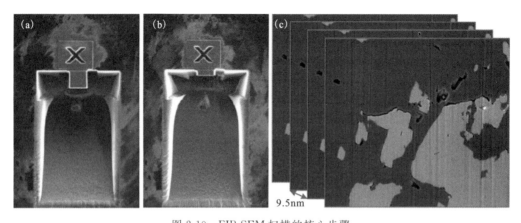

图 2-10 FIB-SEM 扫描的核心步骤

(a)样品刚切割时的图像;(b)样品连续切割完成时同一区域的图像;(c)切割后连续二维切片

3)FIB-SEM 扫描图形预处理

由于 FIB-SEM 扫描技术与其他数字岩石物理技术间存在差异,需对所获得的二维切片进行预处理后,方可对扫描煤样进行可视化分析,并对内部孔裂隙结构进行定量化分析[44,61-62]。①图形修正:由 FIB-SEM 扫描步骤分析可知,电子束与观察面有 52°的夹角,则图像在 Y 轴方向有缩减值为 sin52°的缩减效应,因此,需在 Y 轴上对图像进行修正。②位置矫正:FIB-SEM 成像过程中,相邻间的图像位置存在偏移,需对图像位置进行矫正,常采用最小二乘法。③亮度矫正:由 FIB-SEM 扫描原理及扫描步骤分析,观察面与电子束不垂直,且观察面前端常受刻蚀区遮挡,最终扫描图像的亮度由上至下会逐步变暗。当刻蚀区宽度等于观察面深度的 3 倍左右时,可有效地降低图像的亮度差异,借助后期的可视化软件(如,AVIZO)也可进一步对剩余亮度差异进行处理。

2.2.2 煤储层孔裂隙结构表征方法

煤岩数字岩石物理技术主要用于开展煤岩的微米尺度 X-ray CT、纳米尺度 FIB-SEM 及尺度升级等研究工作,详述如下。

1. 孔裂隙结构构建方法

为分析孔裂隙几何及拓扑结构特征,需在所扫描的数据体中提取等价孔裂隙网络模型,即需要对二维切片进行可视化重构与分析,主要的工作为:二维切片预处理、阈值选取与图像分割、代表性体积单元分析(图 2-11)。

(1)二维切片预处理。众所周知,图像处理精度越高,孔裂隙结构的三维重构效果越好[49,63]。基于 X-ray CT 与 FIB-SEM 扫描所获得的原始切片或多或少会受到噪声的影响,这对后续的图像处理会产生不利的影响。因此,需对原始的二维切片进行降噪处理。中值滤波处理能很好地保护孔隙的完整性,且使孔隙与煤基质间的过渡变得光滑[64-65]。

(2)阈值选取与图像分割。实现从二维切片到三维图像的转变是阈值分割的目的所在,

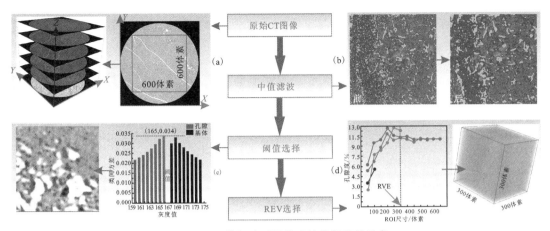

图 2-11 二维切片可视化重构分析流程示意

从而可将孔隙与基质分割开。基于所选定阈值的图像分割法是图像分割中运用较为广泛的方法,其核心思想是依据图像的灰度直方图信息来获得用于图像分割的阈值[66]。实际研究中,切片的灰度直方图以呈单峰模式为主,只有少数样品会呈双峰模式。若图像的灰度直方图呈双峰模式,则局部最小灰度值可作为图像分割的阈值。

(3)代表性体积单元(REV,representative elementary volume)分析。选择能有效表征储层岩石宏观物性的最小单元体,即代表性体积单元[67-68],能够有效减少计算机的内存用量,并加快计算运行速度。小于 REV 尺度获得的岩石物性波动明显,而大于 REV 尺度岩石物性趋于稳定[69-70]。分析孔隙度与 REV 尺寸的变化规律可决定代表性体积单元的大小[67]。

2. 孔裂隙网络模型构建方法

前文对煤储层岩石物理数据获取方法体系进行了构建,紧接着需对孔裂隙网络模型进行构建。最大球算法能很好地捕捉孔裂隙空间的拓扑、几何结构及其连通性,常被用于构建孔裂隙网络模型。

本研究主要采用最大球算法构建等价孔裂隙网络模型[71]:首先,以孔隙空间中的任意一点为基点(图 2-12 中的浅灰色部分),不断寻找以该点为圆心且与骨架边界相切的最大内接球(图 2-12 中的圆圈);其次,当所有内切球被找到后,包含于内切球中的其他内切球将被移除,剩下的内切球将构成球集;然后,采用聚类算法可对最大球面进行分类归并,并识别孔隙与喉道;最后,孔隙可以用较大的球体表示,喉道可以用一系列较小的球体表示。

3. 孔裂隙结构多尺度表征方法

煤储层非均质性较强,孔裂隙大小变化可跨越多个数量级。在不同尺度范围内(纳米尺度—微米尺度—厘米尺度等),通过单一分辨率扫描的三维煤储层图像所提取的孔裂隙网络模型难以同时描述多尺度间的孔隙网络模型,继而难以准确研究煤储层中多相流的微观渗流机理[72-73]。因此,进行孔裂隙结构的尺度粗化处理意义重大,具体表现为:①煤储层内部结构可被全面深入地分析;②煤储层岩芯的渗透性、多相流特性可被迅速、准确计算;③岩芯的其

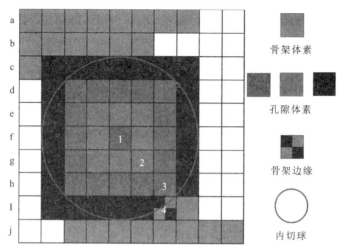

图 2-12 最大球算法示意图

他物理性质也可被迅速、准确地计算;④可以全面深入地分析孔隙介质的流体特性;⑤可以对非均质岩芯作出整体有效的评价[74]。

1)多分辨率扫描方案设定

本次孔裂隙结构尺度粗化处理研究将孔裂隙结构研究尺度聚焦于纳米尺度、微米尺度及厘米尺度(图 2-13)。

对于厘米尺度而言,即将所采集的煤块钻取为 $\phi 2.5cm \times 10cm$ 的煤柱,并进行厘米尺度 X-ray CT 扫描[图 2-13(b)];对于微米尺度而言,即在煤柱内选择感兴趣的区域进行微米尺度 X-ray CT 扫描[图 2-13(c)];对于纳米尺度而言,即在微米尺度 X-ray CT 扫描体内选感兴趣的区域进行 FIB-SEM 扫描[图 2-13(d)]。

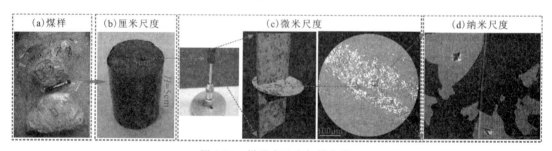

图 2-13 样品多尺度扫描方案

本研究中,不同的扫描分辨率被用于不同尺寸的煤储层样品扫描过程中。厘米尺度上,煤储层岩芯尺寸为几厘米,扫描分辨率为几十微米,往往只可反映裂隙、大孔隙及夹层的煤储层结构特征[图 2-13(b)];微米尺度上,扫描分辨率为几微米,岩芯内大部分孔隙皆可被准确识别[图 2-13(c)][73];纳米尺度上,煤储层样品尺寸为 0.05~0.1mm,扫描分辨率约 10nm,可以看出在该尺度上依然有部分孔隙存在[图 2-13(d)]。

2)多分辨率孔裂隙结构尺度粗化处理

本研究主要采用图像配准的方式进行多分辨率孔裂隙结构的尺度粗化处理分析(图 2-14)。

图像配准的实质是通过空间上的一系列变换操作,使具有不同分辨率的两幅图像间的对应点在空间位置上达到一致,继而获得提取低分辨率图形中孔裂隙结构的阈值。图像配准的两幅具有不同分辨率的图像,往往以其中具有高分辨率的图像为参考图像,以具有低分辨率的图像为配准图像。

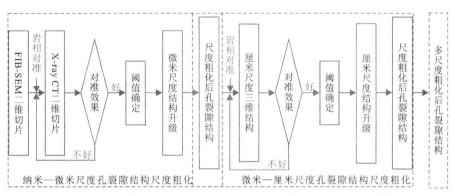

图 2-14 纳米—微米—厘米尺度孔裂隙结构尺度粗化处理流线图

本研究以纳米、微米、厘米 3 个尺度作为多尺度粗化处理过程进行阐释(图 2-13、图 2-14),但多尺度的孔隙结构粗化处理过程往往不局限于此。被划分(扫描)的尺度越多,待配准的不同分辨率级别的图像就越多,则图形配准效果越好,尺度粗化处理后的结果越精确,更能很好地反映煤储层各尺度间的孔裂隙网络模型,后期的流体运移模拟结果也更精确。

2.2.3 煤储层孔渗特性表征方法

1. 孔裂隙连通性分析

孔裂隙空间的连通性是多孔介质重要的拓扑信息,它在很大程度上影响多孔介质的总体物理属性。在三维数字煤岩的某一方向上,如果孔隙相从一端到另一端连续,则意味着数字煤岩在该方向上是连通的。数字煤岩由大量离散的一个个像素点组合而成,像素点之间的连通性可以用 3 种方式来描述,即 6 连通、18 连通和 26 连通(图 2-15)。本研究主要采用 6 连通处理方式进行连通性分析,即具有公共面部的体素被认为是连通的。

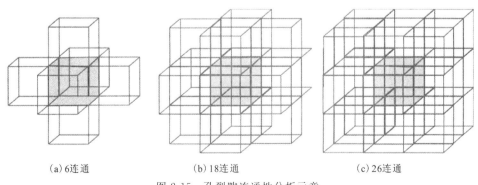

图 2-15 孔裂隙连通性分析示意

2. 孔裂隙渗透性分析

绝对渗透率被定义为多孔材料传输单相流体能力。可运用 Stokes 方程,实现对煤储层绝对渗透率的数值估计:

$$\begin{cases} \vec{\nabla} \cdot \vec{V} = 0 \\ \mu \vec{\nabla}^2 \vec{V} - \vec{\nabla} \vec{p} = \vec{0} \end{cases} \quad (2\text{-}5)$$

式中:$\vec{\nabla}\cdot$ 为散度算子;$\vec{\nabla}$ 为梯度算子;$\vec{V}$ 为流体相中流体的速度;μ 为流动流体的动力黏度;∇^2 为拉普拉斯算子;p 为流体相中流体的压力。

求解方程组(2-5)后,可应用达西定律估算渗透率系数:

$$\frac{Q}{S} = -\frac{K}{\mu}\frac{\Delta p}{L} \quad (2\text{-}6)$$

式中:Q 为通过多孔介质的总流量,m^3/s;S 为流体流过的试样截面,m^2;K 为绝对渗透率,m^2;μ 为流动流体的动态黏度,$Pa \cdot s$;p 为试样周围施加的压力,Pa;L 为试样在流动方向上的长度,m。

2.3 数值模拟软件开发

数值分析是求解含多个变量的高度非线性方程组所采用的核心方法,具体有有限差分法、有限元法、边界元法等。基于有限元理论,本研究主要采用先进的多物理场有限元数值模拟软件——COMSOL Multiphysics(www.comsol.com),对所推导的多物理场全耦合数学方程组进行分析求解;采用 MATLAB 软件对数值模拟的地质模型进行网格优化,并对 COMSOL Multiphysics 处理后的仿真结果进行优化处理(图 2-16)。COMSOL Multiphysics 软件虽然具有广阔的仿真能力及强大的后处理能力,但并不能添加相应的编辑接口,且 COMSOL Multiphysics 后处理后的数据的优化能力较低;MATLAB 软件刚好可以弥补 COMSOL Multiphysics 在数据优化方面的不足,且 MATLAB 在三维几何图形的数据处理及几何模型的网格划分等方面也具有较强的优势。

针对 CO_2-ECBM 数值模拟研究,COMSOL Multiphysics 软件可构建图形化的界面(GUI),以实现 COMSOL Multiphysics 与 MATLAB 仿真系统的构建,且基于典型的运算方法,GUI 可以形成独立的软件包。首先,在 COMSOL Multiphysics 软件的 GUI 中调用 MATLAB 脚本以构建数值模拟所需的地质模型,并实现地质模型的网格划分与优化;其次,基于 MATLAB 脚本于 COMSOL Multiphysics 软件的 GUI 中对划分后的地质模型网格进行检测;再次,基于 COMSOL Multiphysics 内置的 PDE 函数,在 GUI 中完成参数、变量及边界条件的设定,并顺利完成数值仿真;最后,调用 MATLAB 脚本函数和编写的脚本语言对 COMSOL Multiphysics 后处理后的数据进行三维可视化及数据优化。基于 MATLAB 脚本实现 COMSOL Multiphysics 软件与 MATLAB 软件数据的交互、共享。

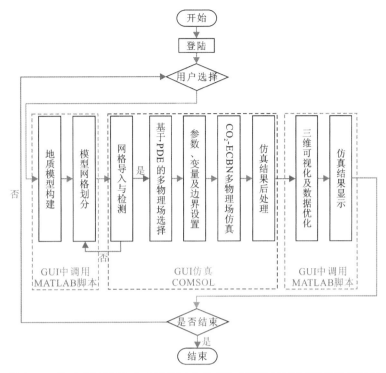

图 2-16 基于 COMSOL 与 MATLAB 的 CO_2-ECBM 仿真系统构建流程图

综上所述,基于 COMSOL Multiphysics 软件与 MATLAB 软件仿真系统的构建,可实现实验室尺度及工程尺度上 CO_2-ECBM 流体连续过程的数值模拟研究。COMSOL Multiphysics 软件可对所推导的多物理场全耦合数学方程组进行分析求解;MATLAB 软件可对数值模拟的地质模型进行网格优化,并对 COMSOL Multiphysics 软件处理后的仿真结果进行可视化优化。

2.4 CCUS 源汇匹配及其管网优化方法

2.4.1 CO_2 地质封存潜力评估方法

开展淮南煤田各类型地质体 CCUS 源汇潜力评估及其匹配性研究,对于 CO_2-ECBM 技术工程化推广意义深远。因此,需要首先明确淮南煤田各地质体类型,即深部不可采煤层、残留煤体、采空区,继而探讨各类型地质体 CO_2 地质封存潜力评估方法。

1) 深部不可采煤层

深部不可采煤层内,CO_2 地质封存主要呈吸附态、溶解态及自由态等相态,其中吸附封存是煤层不同于其他地质体的主要封存形式[75-76]。考虑不同相态 CO_2 被封存于深部不可采煤层内的差异,特采用如下 CO_2 地质封存潜力评估模型[77-78]:

$$M_{CO_2} = 0.001 \rho_{CO_2} M_{Coal}(m_{ab} + m_d + m_f) \tag{2-7}$$

式中:M_{CO_2} 为 CO_2 封存能力,t;ρ_{CO_2} 为标况下(0.101 325MPa,273.15K)的 CO_2 密度,1.977 kg/m³;M_{Coal} 为深部探明煤储量,t;m_{ab} 为单位质量煤中 CO_2 呈吸附态的封存量,m³/t;m_d 为单位质量煤中 CO_2 呈溶解态的封存量,m³/t;m_f 为单位质量煤中 CO_2 呈自由态的封存量,m³/t。

单位质量煤中,深部不可采煤层内,CO_2 呈吸附态的封存潜力可用如下公式进行表征[77-78]:

$$m_{ab} = m_{ex}/(1 - pT_c/8Zp_cT) \quad (2-8)$$

式中:p 为深部煤储层压力,也是 CO_2 的吸附压力,MPa;T_c 为 CO_2 临界温度,304.21K;Z 为 CO_2 的压缩系数(无量纲);p_c 为 CO_2 临界压力,7.383MPa;T 为深部煤储层温度,也是 CO_2 的吸附温度,K;m_{ex} 为单位质量煤中 CO_2 过剩吸附量,m³/t,可采用如下 D-R 吸附模型进行计算:

$$m_{ex} = m_0(1 - \rho_f/\rho_a)e^{-D[\ln(\rho_a/\rho_f)]^2} + k\rho_f \quad (2-9)$$

式中:m_0 为吸附实验测试的单位质量煤中 CO_2 最大吸附量,m³/t;ρ_f 与 ρ_a 分别为深部煤储层真实温度、压力条件下,自由态与吸附态 CO_2 密度,kg/m³;D 为吸附常数(无量纲);k 为与亨利定律有关的常数(无量纲)。

煤储层内,CO_2 密度是压力和温度的函数,可以表示为 $\rho_g = f(p,T)$,并可进一步表征为

$$\rho_g = p/\{[1 + \delta\varphi(\delta,\tau)] \cdot RT\} \quad (2-10)$$

式中:$\delta = \rho_c/\rho_f$,为 CO_2 的折合密度(无量纲),ρ_c 为 CO_2 的临界密度,kg/m³;$\tau = T_c/T$,为折合温度(无量纲);$\varphi(\delta,\tau)$ 为亥姆霍兹自由能,也可表示为 φ_δ^τ,由温度和密度控制[77,79-80]:

$$\varphi(\delta,\tau) = \varphi^o(\delta,\tau) + \varphi^r(\delta,\tau) \quad (2-11)$$

式中:$\varphi^o(\delta,\tau)$ 为理想流体的亥姆霍兹自由能;$\varphi^r(\delta,\tau)$ 为残余流体的亥姆霍兹自由能。

深部不可采煤层内,单位质量煤中溶解态 CO_2 的封存潜力是煤孔隙度、煤层含水饱和度、煤密度和 CO_2 在水中溶解度的函数[77-78],可表征为:

$$m_d = 1000 \cdot \varphi S_w S_{CO_2}/\rho_{Coal} \quad (2-12)$$

式中:φ 为煤孔隙度,%;S_w 为煤层含水饱和度,%;S_{CO_2} 为煤层水中 CO_2 溶解度;ρ_{Coal} 为煤体密度,kg/m³。

根据 Boyle-Mariotte 定律,考虑煤层含气饱和度,深部不可采煤层内,单位质量煤中,自由态 CO_2 封存潜力可表征为

$$m_f = 1000 \cdot \varphi S_g pT_0/(\rho_{visual}Zp_0T) \quad (2-13)$$

式中:S_g 为煤层含气饱和度,%;p_0 为标准大气压,0.101 325MPa;T_0 为标况下温度,273.15K;ρ_{visual} 为煤的表观密度,kg/m³。

2)残留煤体

在生产矿井、关闭矿井内,残留煤体主要呈吸附态的形式封存 CO_2,本研究主要采用 CS-LF 公式进行计算[77,81],可表征为

$$M_{CO_2} = \rho_{CO_2} \cdot G \cdot RF \cdot ER \cdot 10^{-4} \quad (2-14)$$

式中:G 为残留煤体中的煤层气资源量,m³,可用式(2-15)进行计算;RF 为煤层气回收系数,可用式(2-16)进行计算[77,82];ER 为 CH_4 对 CO_2 的体积驱替比,其中高、中、低挥发分烟煤取值

分别为3.0、3.0与1.0[77,82]。

$$G = M_r \cdot C_g \tag{2-15}$$

$$RF = 1 - \frac{p_{ad}(p_L + p_{cd})}{p_{cd}(p_L + p_{ad})} \tag{2-16}$$

式中：M_r 为生产矿井、关闭矿井内残留煤体的量，t；C_g 为残留煤体中煤层气含量，m³/t；p_{ad} 为残留煤体内煤储层压力，MPa；p_{cd} 为残留煤体中煤层气临界解吸压力，MPa；p_L 为残留煤体中煤层气兰格缪尔压力，MPa。

3）采空区

采空区因地质资源丰富、封存机理简单、注气工艺简单、封存成本低、封存区管理灵活及利于缓解地表沉陷等独特优势，成为 CO_2 地质封存的又一新兴场所。当采空区上覆岩体变形稳定后，垮落区内残余岩体间隙、破碎区裂隙、残余巷道则构成 CO_2 地质封存的核心空间，其 CO_2 封存潜力可表征为[77,83]

$$M_{CO_2} = 0.001 \cdot V_{CO_2} \cdot \rho_g \tag{2-17}$$

式中：V_{CO_2} 为上覆岩层变形稳定后，采空区内可注入的 CO_2 体积，m³，可表征为

$$V_{CO_2} = (1-\eta)hs \tag{2-18}$$

式中：η 为地表沉降系数（无量纲），据工作面观测站观测结果，其值介于 0.64~1.01 之间；h 为煤层平均开采厚度，m；s 为采空区面积，m²。

在不考虑废弃巷道残留体积前提下，采空区内 CO_2 的地质封存潜力可表征为[77,83]：

$$M_{CO_2} = \frac{0.001 \cdot p_m(1-\eta)hs}{(1+\delta\varphi_\delta^\tau)RT} \tag{2-19}$$

式中：p_m 为采空区压力，MPa，其受上覆岩层下沉活动影响，与煤储层压力差异较大，可采用式(2-20)进行表征计算[77,83]：

$$p_m = \xi p = \xi H \bar{\rho} = \xi g \sum_{i=1}^{n} \rho_i \overline{h_i} \tag{2-20}$$

式中：ξ 为上覆岩层的重力在采空区内产生的压力系数（无因次）；g 为重力加速度，9.8N/kg；H 为煤层开采深度，m；$\bar{\rho}$ 为上覆岩层平均密度；n 为煤层上覆岩层数（无因次）；ρ_i 为上覆岩层 i 的平均密度，kg/m³；$\overline{h_i}$ 为上覆岩层 i 的平均厚度，m。

基于上述分析，考虑煤储层密度、上覆岩体平均密度、煤层开采深度和地表沉降系数，采空区内 CO_2 地质封存潜力可表征为

$$M_{CO_2} = \frac{0.001 \cdot (1-\eta)hs\xi H\bar{\rho}}{(1+\delta\varphi_\delta^\tau)RT} \tag{2-21}$$

2.4.2 CCUS 源汇匹配模型构建

基于运筹学内图与网络分析等相关理论，可运用最小支撑树方法，构建 CCUS 技术的 CO_2 源（十大燃煤电厂）-汇（深部不可采煤层、残留煤体及采空区内）匹配规划的理论模型。其中，理论模型构建需基于如下基本假设：①成本最低的源汇优先进行匹配；②允许一源多汇及一汇多源匹配；③封存汇必须满足 CCUS 规划期内的封存需求。

1)目标函数

本研究以 CCUS 技术 CO_2 源汇匹配的总成本最低为目标函数,即

$$\min Z = \sum_{i=1}^{m}\sum_{j=1}^{n}(C_C + C_T + C_S) \tag{2-22}$$

式中:i 为第 i 个排放源;j 为第 j 个封存汇;m 为排放源的个数,取值为 10;n 为封存汇的个数,深部不可采煤层取值为 15,残留煤体取值为 9,采空区取值为 7。

(1)CO_2 捕集成本(C_C)

基于美国国家能源技术实验室(national energy technology laboratory,NETL)公布的工业来源报告分析,燃煤电厂内 CO_2 排放源平均补给成本为 64.35 美元/t[84-86],因此,淮南煤田内 CO_2 排放源的补给成本可表征为

$$C_C = \sum_{i=1}^{m}\sum_{j=1}^{n}\omega_{ij}X_{ij} \tag{2-23}$$

式中:ω_{ij} 为第 i 个燃煤电厂内第 j 个封存汇的 CO_2 排放源补给成本,美元/t;X_{ij} 为第 i 个燃煤电厂到第 j 个封存汇的 CO_2 运输量,t。

(2)CO_2 运输成本(C_T)

CO_2 运输以管道、轮船和罐车最为常见。其中,管道运输适合大容量、长距离、负荷稳定的定向输送,主要包括管道建设成本和运营维护成本,可表征为

$$C_T = 351\,777\sum_{i=1}^{m}\sum_{j=1}^{n}L^{1.13}X_{ij}^{0.35} \tag{2-24}$$

式中:L 为管道运输距离,km。

(3)CO_2 封存成本(C_S)

CO_2 封存成本与 CO_2 封存量和封存场地类型息息相关,且煤储层内的平均封存成本系数为 5.59 美元/t[85-86]。因此,煤储层内 CO_2 封存成本可表征为

$$C_S = \sum_{i=1}^{m}\sum_{j=1}^{n}\varepsilon_{ij}X_{ij} \tag{2-25}$$

式中:ε_{ij} 为将第 i 个燃煤电厂的 CO_2 运输到第 j 个封存汇的封存成本系数,美元/t。

综上所述,将式(2-23)、式(2-24)、式(2-25)代入式(2-22),可得以 CCUS 技术 CO_2 源汇匹配的总成本最低目标函数:

$$\min Z = \sum_{i=1}^{m}\sum_{j=1}^{n}(\omega_{ij}X_{ij} + 351\,777L^{1.13}X_{ij}^{0.35} + \varepsilon_{ij}X_{ij}) \tag{2-26}$$

2)约束条件

基于理论模型构建的基本假设,CCUS 技术 CO_2 源汇匹配管网规划过程中,其总成本最低目标函数的约束条件如下:

(1)CO_2 排放源所有 CO_2 捕集总量等于管道运输总量,即

$$a_i = \sum_{j=1}^{n}X_{ij} \tag{2-27}$$

式中:a_i 为第 i 个燃煤电厂 CO_2 捕集量。

(2)管道运输至封存场地的CO_2含量不能超过封存汇的封存能力,即

$$b_j \geqslant \sum_{i=1}^{m} X_{ij} \quad (2-28)$$

式中:b_j为第j个封存汇的封存能力。

(3)所有燃煤电厂中捕获的CO_2含量不得超过所有潜在封存汇的总容量,即

$$\sum_{i=1}^{m} a_i \leqslant \sum_{j=1}^{n} b_j \quad (2-29)$$

(4)非负约束:管道CO_2运输含量是非负数,即

$$X_{ij} > 0 \quad (2-30)$$

2.4.3 CCUS源汇匹配管网优化

节约里程法可应用于CCUS源汇匹配管网的优化研究。节约里程法核心思想是在运输过程中将两个往返路程合并调整为一个闭合回路,在合并过程中距离减少量最大(图2-17)。基于传统节约里程法,将货物由A点运输至B、C两点,其可节约的里程数为$L_{AB}+L_{AC}-L_{BC}$,即$2(L_{AB}+L_{AC})$与$(L_{AB}+L_{AC}+L_{BC})$的差值[图2-17(a)]。

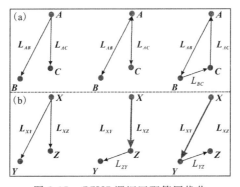

图2-17 CCUS源汇匹配管网优化
(a)传统节约里程法示意;(b)改进节约里程法示意

CCUS源汇匹配管网的设计优化有其自身特殊性:①CO_2运输具有唯一方向性,不存在回路;②CO_2运输量的少许增加可能改变管道设计反而增加运输成本。本研究拟对传统节约里程算法进行改进,同时考虑距离节约造成的成本降低和运量增加造成的成本上升,自动判定方案中的管道是否需要合并、如何合并,最终得到优化方案[图2-17(b)]。将CO_2源X运输至CO_2封存汇Y、Z过程中,基于改进的节约里程法,其可节约管道里程数为$L_{XY}-L_{ZY}$或$L_{XZ}-L_{YZ}$,并从中选择最优管道运输优化方案[图2-17(b)]。

综上所述,样品的采集以淮南煤田的刘庄煤矿、潘一煤矿和淮北煤田的任楼煤矿为主;基于数字岩石物理表征技术,可获得煤储层孔裂隙结构的几何参数及拓扑参数;基于COMSOL及MATLAB软件,可实现微观尺度及工程尺度CO_2-ECBM流体连续过程数值模拟研究;基于多类型地质体CO_2封存潜力估计方法探讨及改进的节约里程法,可以实现深部不可采煤层、残留煤体、采空区等多类型地质体源汇潜力分析及其源汇匹配、管网优化目标。

第 3 章 碎软低渗煤层多尺度孔裂隙结构数字化重构表征

近年来,X-ray CT 及 FIB-SEM 三维切割扫描技术在多孔介质的孔裂隙形态表征及连通性评价方面逐渐显示出其优势。X-ray CT 技术是一种非破坏性的三维成像技术[87-88],正逐渐被引入地质领域且得到了广泛应用[72-74];FIB-SEM 技术是一种可对纳米孔隙的孔隙形态及其连通性进行定量化表征的方法[75-79]。然而,鲜有学者将 X-ray CT 技术与 FIB-SEM 技术相结合进行煤储层多尺度孔裂隙结构的数字化重构研究(图 3-1)。

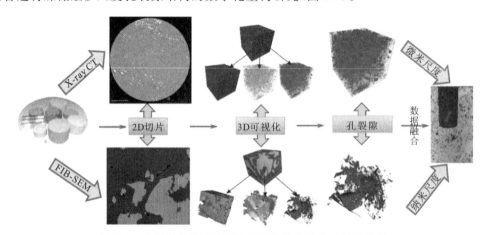

图 3-1 无烟煤多尺度孔裂隙结构数字化重构表征示意图

本章主要内容如下:首先,对煤储层孔裂隙几何结构与拓扑结构等特征参数进行了定义;其次,基于微米及纳米尺度,对孔裂隙结构进行了多尺度表征分析;再次,对孔裂隙结构进行了多尺度粗化表征;最后,探讨了几何及拓扑结构核心参数对煤储层孔渗性的影响。多尺度孔裂隙结构数字化重构研究,主要为实验室尺度 CO_2-ECBM 流体连续过程的后续研究提供地质载体,并可进一步分析工程尺度 CO_2-ECBM 流体连续过程。

3.1 孔裂隙结构参数定义

孔裂隙结构特征有几何结构特征与拓扑结构特征[49]。几何结构特征主要指孔隙与喉道的几何尺寸与形状分布,核心参数有孔隙半径、孔隙体积、喉道长度、形状因子及迂曲度等[71,89];拓扑结构特征主要指孔隙与喉道之间的关联特征,核心参数有配位数及连通性函数等[90-91]。各核心参数定义如下。

1)孔隙半径(R)及体积(V)

基于提取孔裂隙网络模型的最大球算法,可将孔隙定义为孔裂隙网络模型中所提取的等效最大内切球。利用等效球体的等径膨胀法可求得内切球的半径,即为孔隙半径(图3-2)。在所求孔隙半径的基础上即可求出孔隙体积。

2)喉道长度(L)

喉道是指连接孔隙间的通道[71]。在所提取的孔裂隙网络模型中剔除已被识别的孔隙,剩下的即为喉道(图3-3)。因此,喉道多呈孤立状分布。喉道长度可通过下式进行计算:

$$L = D_p - R_1 - R_2 \tag{3-1}$$

式中:R_1、R_2分别为喉道所连接的2个孔隙的半径;D_p为2个孔隙的中心距离。

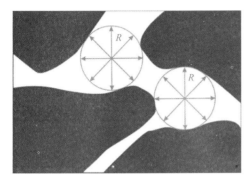

图3-2 孔隙半径示意图

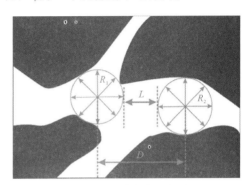

图3-3 喉道长度示意图

3)形状因子(G)

形状因子是指能定量化表征孔裂隙网络模型中孔隙与喉道形状的参数[70,89]。由于不同方向上孔隙与喉道的截面形状不固定,截面面积和周长不断变化。因此,孔隙-喉道形状因子为一系列截面形状因子的平均值(图3-4),可用下式进行计算:

$$G = A/P_{p-t}^2 \tag{3-2}$$

式中:A为孔隙-喉道的横截面面积,m²;P_{p-t}为孔隙-喉道的横截面周长,m。

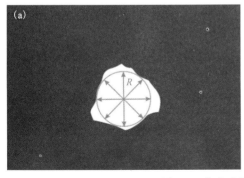

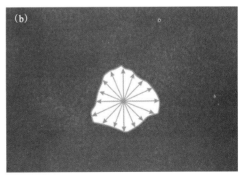

图3-4 孔喉形状因子计算示意图

(a)处理后的孔隙半径;(b)处理后的横截面

4)迂曲度(τ)

迂曲度主要描述喉道弯曲的程度,是指连通孔隙与喉道的实际长度与最短距离之

比[92-93]。迂曲度对渗透率、毛细管阻力等有重要的控制作用,可用下式进行计算:

$$\tau = l_a/l_s \tag{3-3}$$

式中:l_a 为连通孔隙与喉道的实际长度;l_s 为连通孔隙与喉道的最短距离。

5)孔隙纵横比

孔隙纵横比是指二维截面上,孔隙的短轴与长轴之比。依据孔隙纵横比,孔隙形态有球状(0.75~1)、片状(0.15~0.75)及多边形(<0.15)等类型[94-95]。

6)配位数(Z)

配位数是指与每个孔隙所连接的喉道数量[87-88]。配位数的大小对孔隙中流体的渗流和产出起重要的控制作用,其值越大,孔隙连通程度越好。当配位数为1时,孔隙不具有连通性,称死端孔隙。

7)连通性函数[$\chi_v(r)$]

连通性函数,即比欧拉示性数。连通性函数与 X 轴的交点越接近于0,则煤储层内孔隙的连通性越差[70-71]。连通性函数可用下式进行计算:

$$\chi_v(r) = \frac{N_N(r) - N_C(r)}{V} \tag{3-4}$$

式中:$N_N(r)$ 表征孔隙半径大于 r 的孤立孔隙的数量;$N_C(r)$ 表征孔隙半径大于 r 的连通孔隙的数量;V 为所分析的孔裂隙网络模型的体积。

8)表面孔隙率

通过 CT 扫描得到的二维切片图像以像素点的形式展现,包含的信息有孔隙面积、煤基质面积、矿物面积。表面孔隙率为孔隙面积与图片整体面积占比。对样品表面孔隙率进行研究,能够了解到煤局部孔隙结构的变化情况。

3.2 微米尺度孔裂隙结构特征

基于 X-ray CT 技术,本研究对淮南煤田的刘庄煤矿、潘一煤矿和淮北煤田的任楼煤矿煤储层进行了微米尺度扫描(图 3-5~图 3-7)。

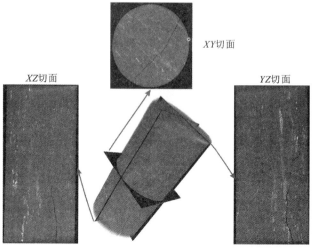

图 3-5 刘庄煤矿煤储层微米尺度扫描

第 3 章　碎软低渗煤层多尺度孔裂隙结构数字化重构表征

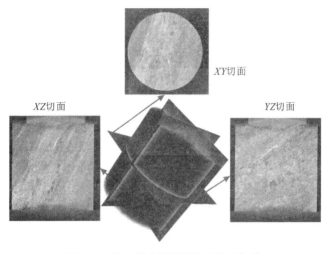

图 3-6　潘一煤矿煤储层微米尺度扫描

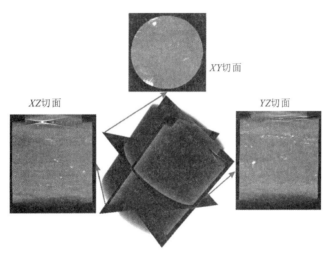

图 3-7　任楼煤矿煤储层微米尺度扫描

典型的二维 CT 切片如图 3-8 所示。其中,圆周内的灰色、黑色及白色(亮高色)可分别表征煤有机质、孔隙及高密度矿物(方解石、黄铁矿等)的分布。

3.2.1　孔裂隙三维可视化重构

(1)二维 CT 切片预处理:如图 3-9(a)所示,原始切片出现了众多噪声点,采用中值滤波对二维切片进行处理,结果如图 3-9(b)所示。经过滤波处理后,骨架与孔隙间的过渡变得平滑、自然,且不合实际的孤立点在图像中已经不存在。在实际的滤波处理过程中,常常将滤波处理后的切片与原始二维切片进行孔隙比对,以检测是否有部分孔隙会被删除。

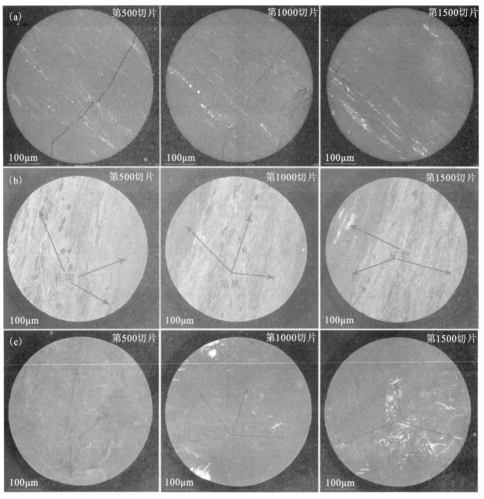

图 3-8 煤样典型的二维 CT 切片

(a)刘庄煤矿切片;(b)潘一煤矿切片;(c)任楼煤矿切片

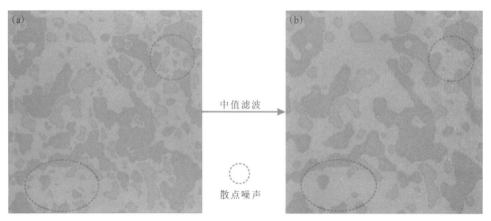

图 3-9 图形中值滤波处理对比

(a)滤波前;(b)滤波后

(2)阈值选取及图像分割:现以刘庄煤矿样品为例,着重介绍当灰度值直方图呈单峰模式时的阈值选取方法,具体运用如图 3-10 所示。首先,依据图像的灰度值分布可计算出灰度值的频率分布直方图。对于刘庄煤矿样品,灰度值范围(H)介于 159~175 之间;其次,基于灰度值范围(H)选择某一阈值(TV)将灰度值分为两部分($H_{0 \to TV}$、$H_{TV+1 \to 255}$),计算两部分的方差 $a(TV)=\mathrm{Var}(H_{159 \to TV})$、$b(TV)=\mathrm{Var}(H_{T+1 \to 175})$,及两部分方差的差值 $D(TV)=|a(TV)-b(TV)|$,其中,$TV \in H$;再次,定义阈值 $TV=\mathrm{find}[\max(D)]$,表示寻找 TV 值使 D 达到最大值;最后,阈值选取后,将阈值处理后的切片与原始二维切片进行孔隙比对,以检测是否有部分孔隙会被删除,并进行图像分割阈值的部分微调。

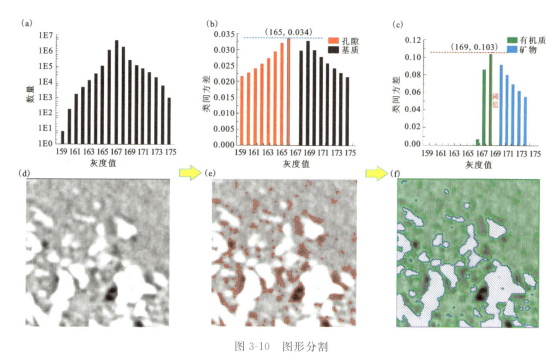

图 3-10 图形分割

(a)灰度值分布;(b)孔隙与基质阈值分割;(c)有机质与矿物阈值分割;
(d)阈值分割前;(e)孔隙与基质分割效果图;(f)有机质与矿物分割效果图

基于此方法,可实现刘庄煤矿、潘一煤矿、任楼煤矿矿样品孔裂隙、有机质及无机矿物的分别提取及三维重构(图 3-11、图 3-12、图 3-13)。

(3)代表性体积单元分析:分析孔隙度与代表性体积单元的变化关系可知(图 3-14),REV 大于 300×300×300(体素)时,孔隙度随 REV 尺寸变化而较为稳定,因此,可选择 300×300×300(体素)表征 REV 的大小。

(4)等效孔裂隙网络模型提取:图 3-15、图 3-16 及图 3-17 分别为刘庄煤矿、潘一煤矿及任楼煤矿煤样的等价孔裂隙网络模型。其中,球体与圆柱体分别表示孔隙与喉道。

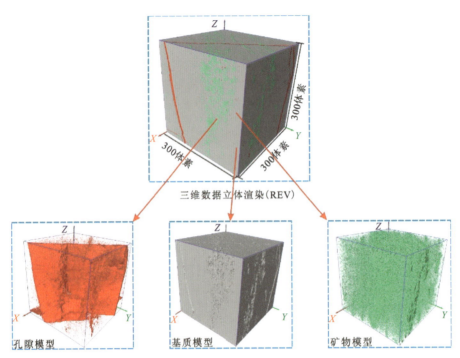

图 3-11 刘庄煤矿样品三维可视化重构

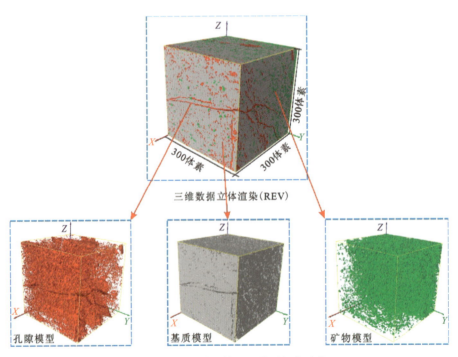

图 3-12 潘一煤矿样品三维可视化重构

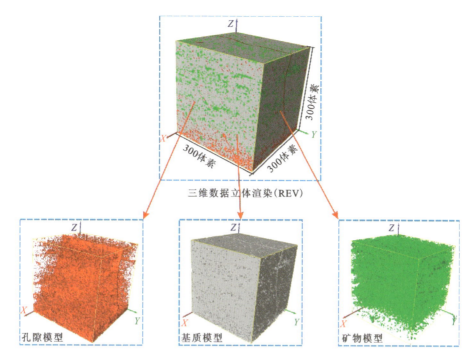

图 3-13 任楼煤矿样品三维可视化重构

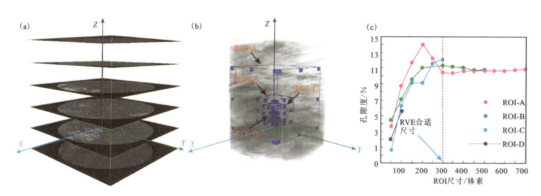

图 3-14 代表性体积单元分析示意图
(a)原始二维 CT 切片;(b)REV 尺寸;(c)孔隙度与样品分析尺寸大小关系

3.2.2 孔裂隙结构特征分析

二维切片图像所包含的信息有煤基质面积、孔隙面积、矿物面积。通过对煤表面孔隙率的研究,能够了解到煤局部孔隙结构的变化情况。若表面孔隙率为零或接近于零,说明该部分孔隙不连通或连通性较差。图 3-18 为 3 个煤矿二维切片表面孔隙度的变化情况。

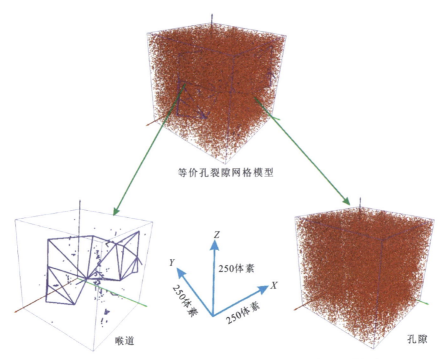

图 3-15 刘庄煤矿样品等价孔裂隙网络模型内孔隙与喉道提取

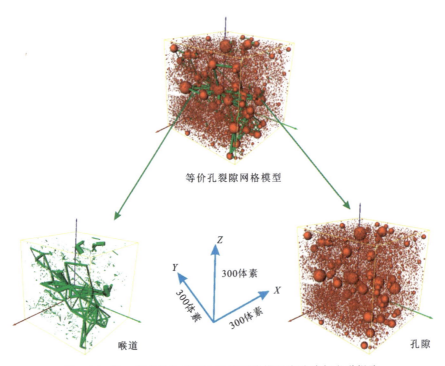

图 3-16 潘一煤矿样品等价孔裂隙网络模型内孔隙与喉道提取

第 3 章　碎软低渗煤层多尺度孔裂隙结构数字化重构表征

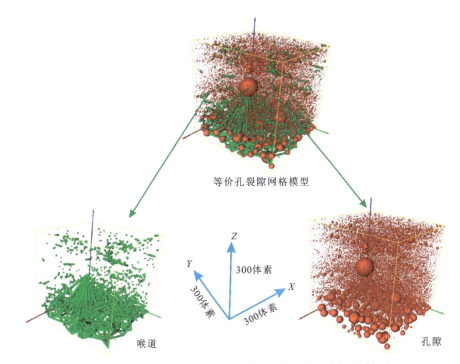

图 3-17　任楼煤矿样品等价孔裂隙网络模型内孔隙与喉道提取

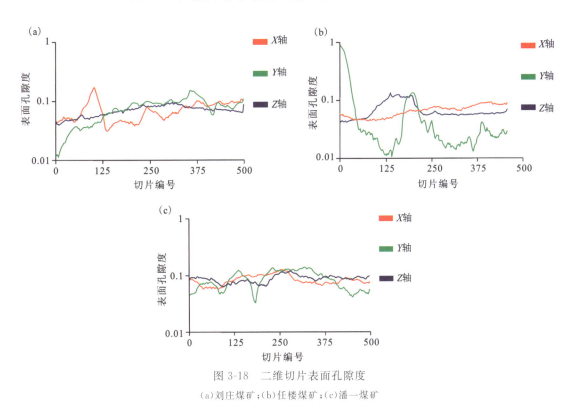

图 3-18　二维切片表面孔隙度
(a)刘庄煤矿；(b)任楼煤矿；(c)潘一煤矿

从图 3-18 可以看出,任楼煤矿煤样的连通性相较于其他矿煤样较差,且任楼煤矿煤样 Y 轴方向孔隙率的值有接近零值的出现,说明该矿煤样在 Y 轴方向上连通性差。对于潘一煤矿煤样,在 Y 轴上的孔隙率变化幅度较大,说明在 Y 轴方向,孔隙结构较为复杂;同时,可以观察到,潘一煤矿的煤样孔隙率在其他同方向的变化幅度相对来说较为平缓,说明潘一煤矿煤样在其他方向上煤孔隙结构发育较为均匀。

对于刘庄煤矿样品,大孔的孔隙数量随着孔径的增大而逐渐变少,当孔隙半径大于 120μm 时,孔隙数量在每个孔径范围内少于 10,且变化波动比较大[图 3-19(a)]。孔隙体积随着孔隙半径呈先减后增再减趋势[图 3-19(b)]。喉道数量随着喉道半径的增大呈先增加后减小趋势[图 3-19(c)]。喉道长度越大,则喉道数量越少[图 3-19(d)]。

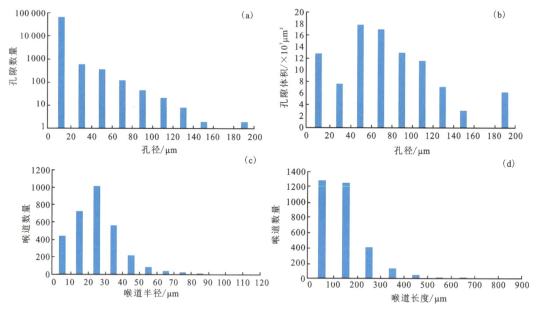

图 3-19 刘庄煤矿样品几何结构特征参数
(a)孔径分布;(b)孔隙体积分布;(c)喉道数量-喉道半径;(d)喉道数量-喉道长度

刘庄煤矿样品,孔喉迂曲度数值以 1~2 为主,其数值分布表明孔喉具有较小的弯曲程度与毛细管阻力[图 3-20(a)]。因此,气体产出只需较短的运移路径,这对气体的运移和产出十分有利。刘庄煤矿煤样球状、片状及多边形形态孔隙分别占总孔隙数量的 94.6%、1.2%、4.2%[图 3-20(b)],且研究表明球状孔隙的发育有利于煤层气的运移与产出。

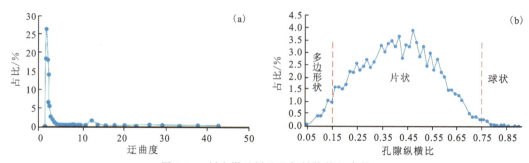

图 3-20 刘庄煤矿样品几何结构特征参数
(a)孔隙迂曲度;(b)孔隙纵横比

基于孔裂隙网络模型,可方便研究刘庄煤矿样品孔隙与喉道的拓扑特征参数(表3-1)。拓扑特征参数集中于对孔隙配位数及连通性函数的分析。

表3-1 刘庄煤矿样品孔隙与喉道的拓扑特征参数

体素			尺寸			孔隙数量			喉道数量		
10.87μm			300×300×300			67 424			3157		
孔隙等效半径/μm			配位数			喉道等效半径/μm			喉道长度/μm		
最大	最小	均值	最大	最小	均值	最大	最小	均值	最大	最小	均值
203.61	6.74	8.04	28	0	0.09	119.403	2.89	25.31	836.04	13.85	142.66

刘庄煤矿样品孔隙的配位数以 0 为主,在一定程度上说明了该样品的连通性较差;除此之外,配位数以 1、5 为主,4、6、3、7 次之[图 3-21(a)]。因此,对于连通孔裂隙而言,每个孔隙主要与其他 5 个孔隙相连通。刘庄煤矿样品孔隙的连通性函数与 X 轴的交点集中于 10～12μm[图 3-21(b)]。因此,对孔隙连通性起主要作用的是孔径介于 10～12μm 之间的孔隙。

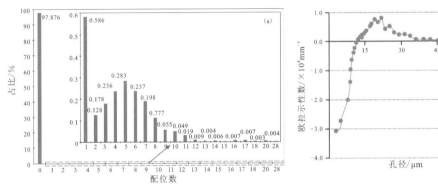

图 3-21 刘庄煤矿样品拓扑结构特征参数
(a)配位数;(b)连通性函数

对于潘一煤矿样品,大孔的孔隙数量随着孔径的增大而逐渐变小[图 3-22(a)],当孔隙半径大于 200μm 时,孔隙数量在每个孔径范围内少于 10。各孔径范围内,孔隙数量变化波动较小。孔隙体积随着孔隙半径呈先减后增趋势[图 3-22(b)]。喉道数量随着喉道半径的增大呈减小趋势[图 3-22(c)]。喉道长度越大,则喉道数量越小[图 3-22(d)]。

潘一煤矿样品,孔喉迂曲度数值以 2～4 为主,继而以 11～13 为主,其数值分布表明孔喉具有中等的弯曲程度与毛细管阻力[图 3-23(a)]。因此,气体产出需较长的运移路径,这对气体的运移和产出不利。球状孔隙的发育有利于煤层气的运移与产出,潘一煤矿样品呈球状、片状及多边形形态孔隙分别占总孔隙数量的 90.8%、3.6%、5.6%[图 3-23(b)]。

基于孔裂隙网络模型,可方便研究潘一煤矿样品孔隙与喉道的拓扑特征参数(表3-2)。拓扑特征参数集中于对孔隙配位数及连通性函数的分析。

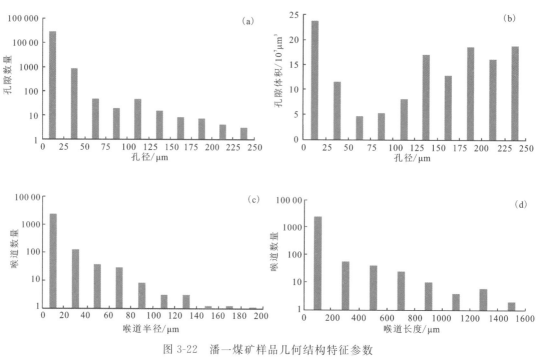

图 3-22　潘一煤矿样品几何结构特征参数

(a)孔径分布;(b)孔隙体积分布;(c)喉道数量-喉道半径;(d)喉道数量-喉道长度

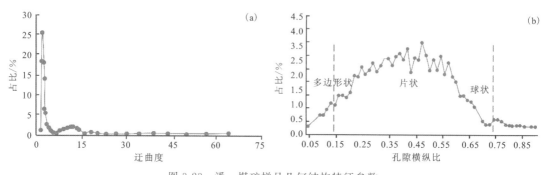

图 3-23　潘一煤矿样品几何结构特征参数

(a)孔隙迂曲度;(b)孔隙纵横比

表 3-2　潘一煤矿样品孔隙与喉道的拓扑特征参数

体素	尺寸			孔隙数量			喉道数量		
8.45μm	300×300×300			31 045			2497		
孔隙等效半径/μm			配位数			喉道等效半径/μm			喉道长度/μm
最大	最小	均值	最大	最小	均值	最大	最小	均值	最大	最小	均值
259.04	5.52	11.46	28	0	0.09	189.13	2.15	1.73	1 505.29	9.06	70.64

潘一煤矿样品孔隙的配位数以 0 为主,占比 87.61%,在一定程度上说明了该样品的连通性较差;除此之外,配位数以 1、2 为主[图 3-24(a)]。因此,对于连通孔裂隙而言,每个孔隙主

要与其他1～2个孔隙相连通。潘一煤矿样品孔隙的连通性函数与X轴的交点集中于8～10μm[图3-24(b)]。因此,对孔隙连通性起主要作用的是孔径介于8～10μm之间的孔隙。

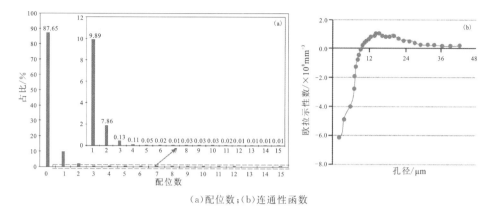

(a)配位数;(b)连通性函数

图3-24 潘一煤矿样品拓扑结构特征参数

对于任楼煤矿样品,大孔的孔隙数量随着孔径的增大而逐渐变少,当孔隙半径大于150μm时,孔隙数量在每个孔径范围内少于10,且变化波动比较大[图3-25(a)]。孔隙体积随着孔隙半径呈先减后增再减趋势,孔径位于100～125μm时,其体积占比最高[图3-25(b)]。喉道数量随着喉道半径的增大呈逐渐变少趋势[图3-25(c)]。喉道长度越大,则喉道数量越小[图3-25(d)]。

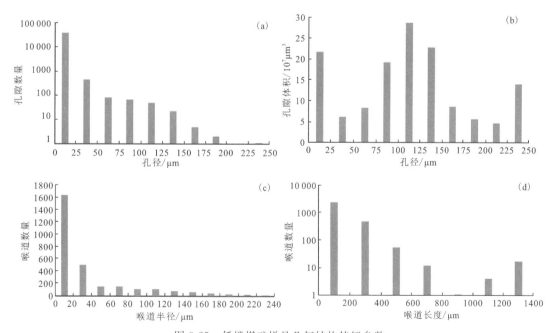

图3-25 任楼煤矿样品几何结构特征参数

(a)孔径分布;(b)孔隙体积分布;(c)喉道数量-喉道半径;(d)喉道数量-喉道长度

基于孔裂隙网络模型,可方便研究任楼煤矿孔隙与喉道的拓扑特征参数(表3-3)。拓扑特征参数集中于对孔隙配位数及连通性函数的分析。

表 3-3　任楼煤矿样品孔隙与喉道的拓扑特征参数

体素	尺寸	孔隙数量	喉道数量
8.02μm	300×300×300	39 008	2386

孔隙等效半径/μm			配位数			喉道等效半径/μm			喉道长度/μm		
最大	最小	均值	最大	最小	均值	最大	最小	均值	最大	最小	均值
253.27	4.99	10.11	22	0	0.14	119.96	1.95	17.83	1 416.13	8.06	109.24

任楼煤矿样品孔隙的配位数以 0 为主,占比 91.44%,在一定程度上说明了该样品的连通性较差;除此之外,配位数以 1、2 为主,配位数越大占比越低[图 3-26(a)]。因此,对于连通孔裂隙而言,每个孔隙主要与其他 1~2 个孔隙相连通。任楼煤矿样品孔隙的连通性函数与 X 轴的交点集中于 8~11μm 之间[图 3-26(b)]。因此,对孔隙连通性起主要作用的是孔径介于 8~11μm 之间的孔隙。

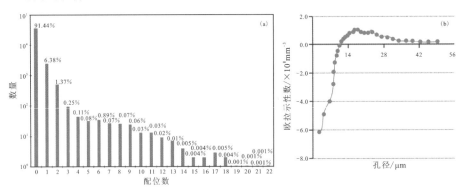

图 3-26　任楼煤矿样品拓扑结构特征参数
(a)配位数;(b)连通性函数

3.2.3　基于孔裂隙网络模型的渗透性分析

煤样的连通性差异会影响煤样的渗透性,通过对渗透性的研究可以促进煤样连通性分析。基于所提取的等价孔裂隙网络模型,可对煤样不同方向的渗透率进行实验模拟,继而可以获得核心渗透性参数(表 3-4)。喉道作为孔隙与孔隙之间的连接通道,不仅影响煤岩的渗透率,也对煤岩内流体的运移有直接的影响(图 3-27)。

表 3-4　不同样品间不同方向上绝对渗透率估算

样品	绝对渗透率/μm²		
	X 轴	Y 轴	Z 轴
刘庄煤矿	0.674 2	24.998 6	14.573 2
任楼煤矿	22.819 4	0.055 2	0.338 1
潘一煤矿	0.205 1	0.090 0	−8.335 8
祁东煤矿	0.253 4	7.567 2	0.025 3

第 3 章 碎软低渗煤层多尺度孔裂隙结构数字化重构表征

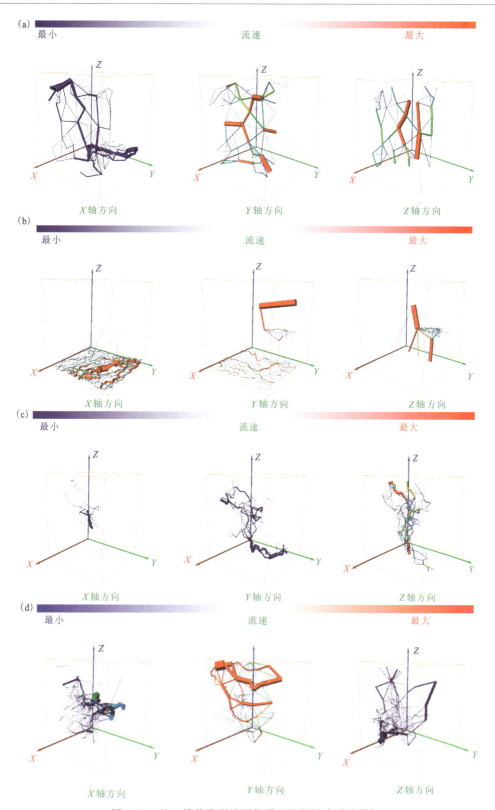

图 3-27 基于等价孔裂隙网络模型的储层渗透性模拟
(a)刘庄煤矿煤样;(b)任楼煤矿煤样;(c)潘一煤矿煤样;(d)祁东煤矿煤样

从图3-27可以看出,刘庄煤矿样品相较于其他样品,喉道之间的结构相对简单,且弯曲程度较小,流体通过性相对较好。同时根据表3-4中的参数可以看出,对比其他样品,刘庄煤矿样品的渗透率较好,且刘庄煤矿样品基于Y轴方向上的渗透性不仅较自身其他方向较好,同时对比其他样品同样有着较好的表现。

3.3 纳米尺度孔裂隙结构表征

基于FIB-SEM技术所获得煤样的典型二维切片如图3-28所示。与X-ray CT切片类似的是:切片内深黑色代表孔隙,灰色代表有机质,高亮白色代表无机矿物。

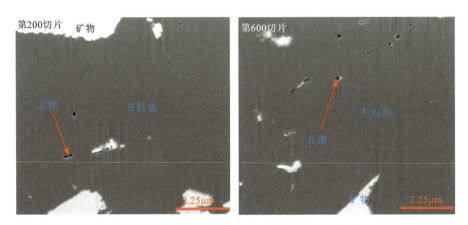

图3-28 刘庄煤矿样品典型的二维FIB-SEM切片

3.3.1 孔裂隙二维形貌及发育特征

煤储层有机质、无机矿物及其接触区域均发育有孔隙及微裂隙,且不同的二维切片内,孔隙形态及其连通性均存在很大差异(图3-29)。形貌特征分析表明:纳米尺度上,刘庄煤矿样品微观孔裂隙结构具有较大的各向异性。孔裂隙形态的差异会影响孔喉体积、表面积及相对位置的差异,继而影响煤层气的吸附与解吸。孔裂隙连通性差异表明:煤层气的运移路径在空间上存在差异,继而会进一步影响煤层气的产能及CO_2的地质封存量。

煤储层内主要发育有有机质孔隙、无机矿物孔隙及差异收缩孔隙(图3-30)。有机质孔隙是所有孔隙类型中发育程度最高的,主要呈圆形及矩形状[图3-30(a)]。有机质孔隙主要分布于有机质内,与有机质的热成熟度有关[54]。溶蚀孔隙是主要的无机矿孔隙,主要发育于可溶性矿物中,其发育与煤储层的压实效应有关[图3-30(b)][60]。差异收缩孔隙主要发育于煤基质与矿物的接触区域[图3-30(b)],其发育程度主要受控于矿物颗粒的发育形态[43]。差异收缩孔具有良好的孔隙连通性,是煤储层内最重要的连通孔隙。各类孔隙内均或多或少充填有矿物质,如方解石、白云石、绿泥石、高岭石和氢氧化铝矿物等。

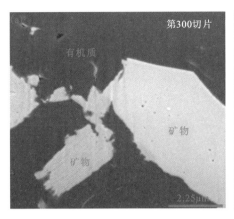
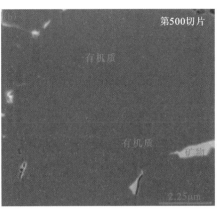

图 3-29 基于 FIB-SEM 切片所显示的刘庄煤矿煤样微观结构各向异性

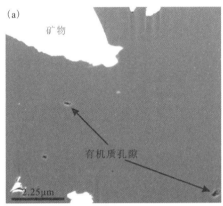
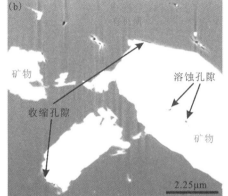

图 3-30 基于 FIB-SEM 切片所显示的刘庄煤矿样品孔隙类型

微裂隙常连通微观孔隙与宏观裂隙,在煤层气的运移中扮演着重要角色[60]。煤储层有机质与无机矿物间的理化性质不同,在相同的地质条件下,矿物的发育大小和形态较有机质不易发生变化[60,96]。因此,微裂隙常发育于有机质与无机矿物的接触区域。该区域内,煤储层孔裂隙发育以孔隙为主,基本未发育微裂隙,在一定程度上限制了储层的连通性。

3.3.2 孔裂隙三维可视化重构

基于本章 3.2 节关于微米尺度上孔裂隙的重构方法,可以实现纳米尺度上煤储层孔裂隙的三维重构及可视化[54]。该过程主要包含储层重构、孔裂隙识别及提取等步骤。刘庄煤矿样品的重构体积为 $3.0\mu m \times 3.0\mu m \times 3.0\mu m$,灰色、蓝色及红色分别表征煤储层的有机质相、无机矿物相及孔/裂隙相(图 3-31)。

孔裂隙的标识情况及孔裂隙网络模型的提取情况如图 3-32 所示。由孔裂隙标识图可知:刘庄煤矿样品的孔裂隙主要呈扁平状,且呈多样化态势[图 3-32(a)]。被标识的颜色越多,则表面孔裂隙的连通性越差。所提取的孔裂隙网络模型也表明:刘庄煤矿样品的孔隙与喉道发育比例极不协调,孔喉比为 45∶1,且孔裂隙在 6 个方向上均不连通[图 3-32(b)]。因此,刘庄煤矿样品的孔裂隙具有较差的连通性。

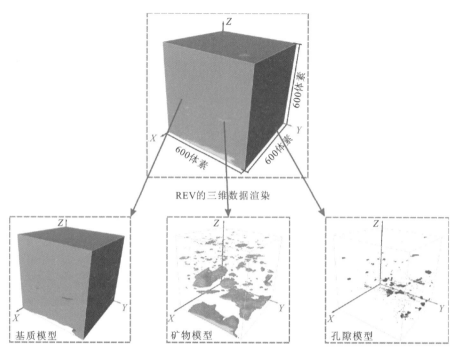

图 3-31 纳米尺度刘庄煤矿样品煤储层可视化三维重构结果示意图

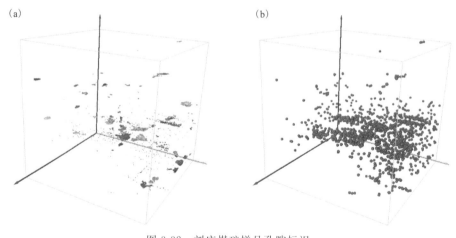

图 3-32 刘庄煤矿样品孔隙标识
(a)孔裂隙网络模型;(b)三维可视化

3.3.3 孔裂隙结构特征分析

基于所提取的孔裂隙网络模型[图 3-32(b)],可分别对孔隙与喉道的结构特征参数进行分析。刘庄煤矿样品的孔隙数量、平均半径、面积、体积及孔隙度分别为 1313、7.22nm、3.40μm^2、0.014μm^3 及 5.19%;刘庄煤矿样品的喉道数量、孔径及平均喉道长度分别为 28、6.01nm 及 56.34nm(表 3-5)。

表 3-5 刘庄煤矿样品孔隙与喉道关键参数

孔隙-喉道	数量	孔径最小值/nm	孔径最大值/nm	孔径平均值/nm	体积/μm³	面积/μm²	孔隙度/%	喉道长度/nm
孔隙	1313	3.10	69.71	7.22	0.014	3.40	5.19	—
喉道	28	1.51	27.04	6.01	—	—	—	7.91~163.48

对于刘庄煤矿样品,纳米尺度范围内,孔隙数量随着孔径的增大而逐渐变少,当孔隙半径大于20μm时,孔隙数量在每个孔径范围内少于10,且变化波动比较大[图 3-33(a)]。孔隙体积随着孔隙半径呈先增后减趋势[图 3-33(b)]。喉道数量随着喉道半径的增大呈先增加后减小趋势[图 3-33(c)]。喉道长度越大,则喉道数量越小[图 3-33(d)]。

众所周知,煤层气主要呈自由态与吸附态存在。自由态煤层气主要赋存于孔径较大的微孔与微裂隙中;吸附态煤层气主要赋存于孔径较小的纳米孔隙内。前人的研究表明:吸附态煤层气主要吸附于孔径小于50nm的煤孔隙表面。对于刘庄煤矿样品,孔径小于50nm的孔隙皆为非连通孔隙(图 3-33),在一定程度上会限制煤层气的吸附与解吸。

孔隙-喉道的几何结构与拓扑结构直接关系着煤储层渗透率的高低,并进一步影响着煤层气的渗流能力。刘庄煤矿样品连通孔裂隙几乎不发育,且数量层面上,孔隙与喉道发育极不协调性,表明刘庄煤矿样品具有较差的连通性,一定程度上也会影响煤储层封存CO_2的工程效果。

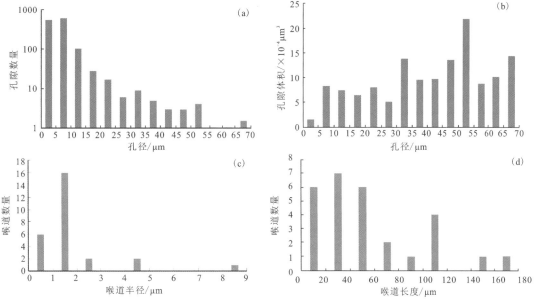

图 3-33 刘庄煤矿样品几何结构特征参数
(a)孔径分布;(b)孔隙体积分布;(c)喉道数量-喉道半径;(d)喉道数量-喉道长度

3.4 孔裂隙结构多尺度粗化表征及其孔渗特性示意

3.4.1 孔裂隙结构多尺度表征

本研究的纳米-微米-厘米尺度孔裂隙结构尺度粗化表征结果见图3-34,详细论述如下。

(1)高分辨率级别孔裂隙结构提取。基于本章第3.3节对煤岩孔裂隙结构的三维重构及可视化研究方法,可实现纳米尺度(高分辨率级别)上孔裂隙结构的识别、提取与重构[图3-34(a)]。

(2)纳米-微米尺度孔裂隙结构尺度粗化。首先,基于所提取的纳米尺度上的孔裂隙结构,可在微米尺度上的三维扫描图像的同一位置以孔裂隙为基础进行图像的配准工作;其次,基于纳米-微米尺度上同一位置的孔裂隙结构的精确配准,可在微米尺度上获得提取微米尺度孔裂隙结构的阈值范围;最后,将此阈值范围应用到整个微米尺度X-ray CT图像中,即可完成纳米-微米尺度孔裂隙结构的尺度粗化[图3-34(b)]。

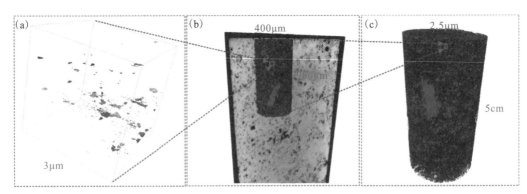

图3-34 多尺度孔裂隙结构尺度粗化结果
(a)纳米尺度孔裂隙结构;(b)纳米-微米尺度孔裂隙结构尺度粗化后结果;
(c)纳米-微米-厘米尺度孔裂隙结构尺度粗化后结果

(3)微米-厘米尺度孔裂隙结构尺度粗化。首先,基于所提取的微米尺度上的孔裂隙结构,可在厘米尺度上的三维扫描图像的同一位置以孔裂隙为基础进行图像的配准工作;其次,基于微米-厘米尺度上同一位置的孔裂隙结构的精确配准,可在厘米尺度上获得提取厘米尺度孔裂隙结构的阈值范围;最后,将此阈值范围应用到整个厘米尺度X-ray CT图像中,即可完成微米-厘米尺度孔裂隙结构的尺度粗化[图3-34(c)]。

3.4.2 基于配位数表征的孔裂隙连通性示意

等价孔裂隙网络模型包含的基本单元有孔隙和喉道,可分别为油气藏中的孔隙和孔隙与孔隙之间连接的通道。图3-35中,黑色圆圈代表孔隙,红色柱体代表喉道,蓝色虚线代表流体运动场所。P_{in}为进口压力,P_{out}为出口压力,蓝色箭头为流体运动方向。

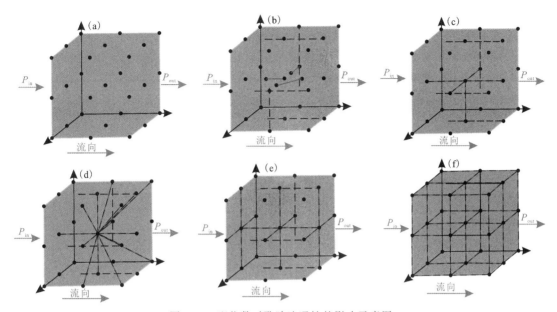

图 3-35 配位数对孔隙连通性的影响示意图
(a)~(c)表示配位数的差异;(d)~(f)表示孔喉数量平衡的差异

图 3-35(a)、(b)为基于孔隙的角度反映孤立孔隙的分布状态,流体活动区域无法贯穿煤岩,无连通性。图 3-35(c)为可与外界沟通的连通孔隙,流体可通过内部通道,穿过煤样,有着较好的连通性。

图 3-35(d)~(f)为基于整体的角度,分析喉道与孔隙在数量均衡性上对连通性的影响。从图 3-35(d)可看出,孔隙与喉道的数量均衡性较差,流体从左边进入,其最终的活动区域仅限于右侧,说明其连通性较差。从图 3-35(e)可以看出,孔隙与喉道数量均衡性一般,流体可沿着通道在一定方向上很好流动,但无法在样品整个区域内活动。从图 3-35(f)可看出,孔隙与喉道之间数量上的均衡性较好,流体从左边进入样品,最终可活动于样品的整体,说明该样品的连通性较好。

根据前期构建的三维模型以及对数据的统计,结合等价孔裂隙网络模型可以看出,刘庄煤矿样品从孔隙角度以及样品整体角度上,较其他 3 个矿的样品,都有着较好的表现,从而说明刘庄煤矿样品有着比较理想的连通性。

3.4.3 基于喉道组合表征的孔裂隙渗透性分析

利用等价孔裂隙网络模型,基于颜色改变直观地观察到连通孔隙中流体的分布、运移及流量变化情况,红色为流量高,蓝色为流量低;同时,通过不同方向的设置,实现多角度深入观察与分析渗透率。为此,基于等价孔裂隙网络模型,以黑色圆圈代表孔隙,不同颜色、大小的柱体代表不同流量的喉道(图 3-36),且以浅蓝色为 0,大于浅蓝色每升一级加 1,小于浅蓝色每降一级减 1,如此进行分析研究。

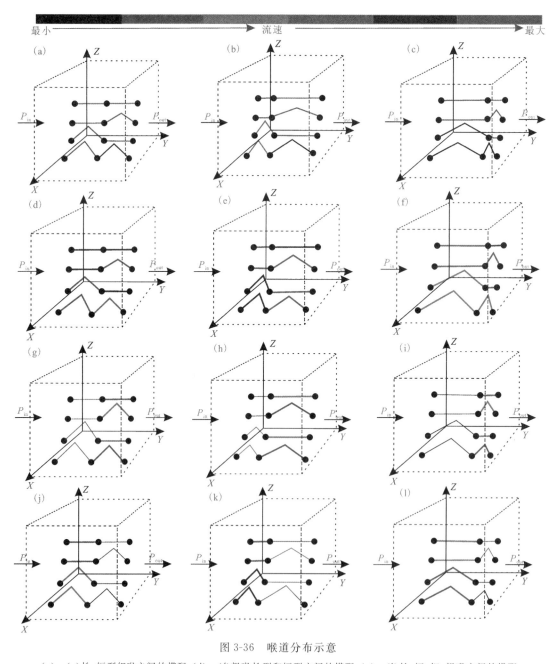

图 3-36 喉道分布示意

(a)~(c)长、短型细喉之间的搭配;(d)~(f)粗喉长型和短型之间的搭配;(g)~(l)长、短、细、粗喉之间的搭配

基于图 3-36(d)、(f),可看出喉道的等效半径越大,煤样的渗透率越高,且整体状况优于各种类型喉道之间排列组合的可能结果;图 3-36(a)、(c)说明喉道等效半径越小,煤样渗透率越低;从图 3-36(g)、(i)与图 3-36(j)、(l)的分析可得出,等效半径大的喉道连接等效半径小的喉道的煤样比与之情况相反的煤样整体渗透率情况要好。

仅考虑煤样喉道粗或细的情况下,图 3-36(e)中喉道分布状态的煤样渗透率较其他各种状态的喉道分布要好,图3-36(c)为最差;考虑喉道粗细搭配状态,图3-36(k)中喉道的分布状态为最好,图3-36(i)中喉道分布状态为最差。

基于此,渗透率的分析研究对孔隙连通性研究有一定的帮助作用。实际环境中,开采煤层气过程中应力的改变会造成孔隙结构变化,从而使对渗透率变化情况的研究又有着一定的局限性。

综上所述,深部碎软低渗煤层多尺度孔裂隙结构数字化重构研究,主要为实验室尺度上CO_2-ECBM流体连续过程的后续研究提供地质载体,并可进一步分析工程尺度CO_2-ECBM的流体连续过程。

第4章 微观尺度 CO_2-ECBM 流体连续过程数值模拟

微观尺度上,基于等价孔裂隙网络模型进行数值模拟的一般研究思路为:首先,基于连通孔裂隙结构提取以获得数值模拟所需的地质载体,主要工作包含获得原始切片数据、对二维切片进行分割、对三维体积进行重构及提取连通孔裂隙(图4-1),这部分内容在本书的第3章已经进行了系统的介绍;其次,于 MATLAB 软件中将所提取的关于连通孔裂隙的 STL 文件导入 COMSOL Multiphysics 软件中进行网格划分与调试(图4-1);最后,在 COMSOL Multiphysics 仿真软件内进行微观尺度 CO_2-ECBM 流体连续过程数值模拟,主要工作包含数学模型推导、边界条件加载、材料属性加载、数值求解及数值结果后处理(图4-1)。

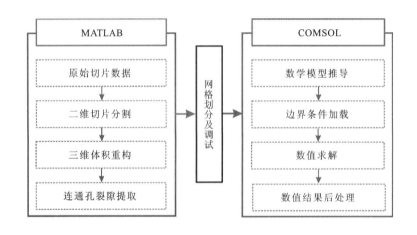

图 4-1 微观尺度上基于等价孔裂隙网络模型进行数值模拟的一般研究思路

微观尺度上,CO_2-ECBM 流体连续过程数值模拟的具体研究思路为:首先,连通孔裂隙提取及孔裂隙结构参数分析,进行数值模拟地质载体的提取与网格划分[图4-2(a)];其次,数值模拟气体参数测试,对数值模拟所需的储层及气体的物性参数进行分析测试[图4-2(b)];再次,微观尺度 CO_2-ECBM 流体连续过程数值模型推导,在考虑孔裂隙几何结构与拓扑结构、气体朗格缪尔参数及扩散系数等全耦合情况下,进行微观尺度上 CO_2-ECBM 流体连续过程数学模型的推导[图4-2(c)];最后,数值运算及数值结果分析,进行数值分析的运算及数值结果的后处理。本研究重点探讨 CO_2 注气压力及 CO_2 扩散系数对微观尺度 CO_2-ECBM 流体连续过程的影响。

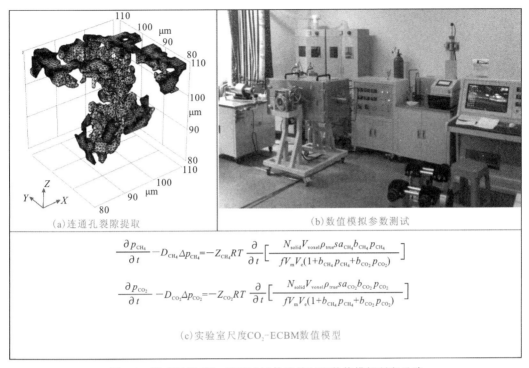

图 4-2 微观尺度 CO_2-ECBM 流体连续过程数值模拟研究思路

4.1 CO_2-ECBM 流体连续过程数值模拟

4.1.1 地质模型预处理

以本书第 3 章所提取的等价孔裂隙网络模型为载体,可以实现微观尺度上 CO_2-ECBM 流体连续过程的数值分析。鉴于 COMSOL Multiphysics 仿真软件对计算机存储容量的要求,当所选取的样本大于 $30×90×30$(体素)时,COMSOL Multiphysics 软件的仿真过程往往会因计算机内存不足而溢出。因此,本次微观尺度 CO_2-ECBM 流体连续过程数值分析选取网格大小为 $30×90×30$(体素)(图 4-3)。

基于 MATLAB 软件,可在等价孔裂隙网络模型中提取连通的孔隙与喉道,并可将输出的 STL 文件导入 COMSOL Multiphysics 中进行微观尺度 CO_2-ECBM 流体连续过程数值模拟,从而架起几何模型到数值模拟的桥梁(图 4-2、图 4-3)。

由于煤储层孔裂隙结构的复杂性,在 COMSOL Multiphysics 仿真软件中进行地质模型网格划分时常会出现误差提示,往往不利于后期数值研究的开展。因此,需在 COMSOL Multiphysics 仿真软件中对出现误差的地质模型进行网格的手动修复与调试,主要包括:消除重合边、共面、倒角、小孔、交叉及缝隙;修复尖角及缺口等[60,64,97-98](图 4-4)。通过连续调试,可在 COMSOL Multiphysics 仿真软件中生成用于微观尺度 CO_2-ECBM 流体连续过程数值模拟所需的无误差的四面体网格(图 4-4)。

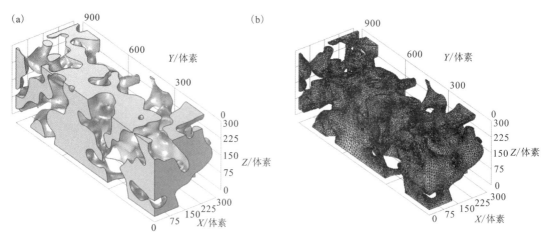

图 4-3 微观尺度 CO_2-ECBM 流体连续过程数值模拟地质模型
(a)连通孔裂隙网络模型;(b)模拟网格

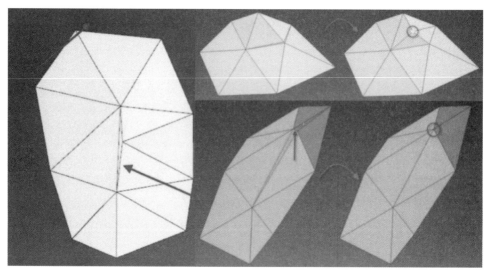

图 4-4 孔隙几何模型表面细节修复

4.1.2 数学模型推导

为了实现微观尺度上 CO_2-ECBM 数值模拟分析,特建立基于微观尺度上的含孔裂隙结构参数的 CO_2-ECBM 数值模型。该模型又全耦合了含 CO_2/CH_4 二元气体竞争吸附的扩展朗格缪尔方程及气体的吸附/解吸及扩散理论方程[98]。

煤基质内,气体的扩散主要受控于自身浓度,且遵循菲克定律[99]。基于菲克第一定律,气体于煤基质内的吸附与扩散所遵循的连续性方程如下所示,即含气体源项 S 的菲克第二定律[98-99]:

$$\frac{\partial C}{\partial t} - D\nabla C = S \tag{4-1}$$

式中：C 为气体浓度，mol/L，与气体自身所处空间位置 (x,y,z) 及被分析的时间 t 密切相关；D 为气体扩散系数，m^2/s；S 为气体源项。

对全耦合的气体吸附、扩散理论方程而言，式(4-1)中的气体源项 S 可以用煤基质所吸附的气体浓度随时间的变化来表征[98]：

$$S = -\frac{\partial C_{ad}}{\partial t} \quad (4-2)$$

式中：C_{ad} 为煤基质内吸附气体的浓度[98]，mol/L，可以表示为

$$C_{ad} = \frac{n_{ad}}{V_e} = \frac{sv/V_m}{V_e} = \frac{sv}{V_m V_e} \quad (4-3)$$

式中：n_{ad} 为煤基质所吸附的气体量，mol；V_e 为本次数值计算中网格元素的体积，m^3；s 为网格元素内的孔隙表面积，nm^2；v 为单位孔隙表面积内所吸附的气体量，mL；V_m 为气体的摩尔体积，22.4L/mol。

单位孔隙表面积内所吸附的气体量 V 可通过如下公式进行计算[98]：

$$V = \frac{V N_{solid} V_{voxel} \rho_{true}}{f} \quad (4-4)$$

式中：V 为单位质量煤中所吸附的气体体积；f 为总的孔隙表面积，m^2；N_{solid} 为固体体素的总数量；V_{voxel} 为单位体素的体积，m^3；ρ_{true} 为样品的真实密度，kg/m^3。

本次微观尺度 CO_2-ECBM 数值模拟研究中，假设气体只吸附于基质孔隙的内表面中。当位置 (x,y,z) 的体素灰度值 $g(x,y,z)$ 满足以下条件时，方可对孔隙的内表面进行标识[98]：

$$\begin{cases} g(x,y,z) - g(x+1,y,z) = -1, \text{或} \\ g(x,y,z) - g(x,y+1,z) = -1, \text{或} \\ g(x,y,z) - g(x,y,z+1) = -1, \text{或} \\ g(x-1,y,z) - g(x,y,z) = -1, \text{或} \\ g(x,y-1,z) - g(x,y,z) = -1, \text{或} \\ g(x,y,z-1) - g(x,y,z) = -1 \end{cases} \quad (4-5)$$

其中，孔隙体素的灰度值为1，其他体素的灰度值为0。

对于 CH_4/CO_2 双组分气体，煤基质内吸附气体的浓度 C_{ad} 可用如下的扩展的朗格缪尔方程来表征[100-101]，且每种气体组分独立于其他组分进行扩散的理论在 CO_2-ECBM 先导性试验中也得到了验证[98,102]：

$$V_{CH_4} = \frac{a_{CH_4} b_{CH_4} p_{CH_4}}{1 + b_{CH_4} p_{CH_4} + b_{CO_2} p_{CO_2}} \quad (4-6)$$

$$V_{CO_2} = \frac{a_{CO_2} b_{CO_2} p_{CO_2}}{1 + b_{CH_4} p_{CH_4} + b_{CO_2} p_{CO_2}} \quad (4-7)$$

式中：V_{CH_4} 与 V_{CO_2} 分别为 CH_4 与 CO_2 的吸附体积；p_{CH_4} 与 p_{CO_2} 分别为 CH_4 与 CO_2 的气体压力；a_{CH_4} 与 a_{CO_2} 分别为 CH_4 与 CO_2 的朗格缪尔体积，m^3/kg；b_{CH_4} 与 b_{CO_2} 分别为 CH_4 与 CO_2 的朗格缪尔压力，1/Pa。

基于上述分析,煤基质内 CH_4 与 CO_2 气体的吸附/解吸、扩散全耦合方程可分别推导为

$$\frac{\partial C_{CH_4}}{\partial t} - D_{CH_4} \Delta C_{CH_4} = -\frac{\partial}{\partial t}\left[\frac{N_{solid}V_{voxel}\rho_{true}sa_{CH_4}b_{CH_4}p_{CH_4}}{fV_mV_e(1+b_{CH_4}p_{CH_4}+b_{CO_2}p_{CO_2})}\right] \quad (4-8)$$

$$\frac{\partial C_{CO_2}}{\partial t} - D_{CO_2} \Delta C_{CO_2} = -\frac{\partial}{\partial t}\left[\frac{N_{solid}V_{voxel}\rho_{true}sa_{CO_2}b_{CO_2}p_{CO_2}}{fV_mV_e(1+b_{CH_4}p_{CH_4}+b_{CO_2}p_{CO_2})}\right] \quad (4-9)$$

考虑气体压缩性,则气体状态方程可表征为

$$C = \frac{n}{V} = \frac{p}{ZRT} = \frac{p}{f(T,P)RT} \quad (4-10)$$

式中:Z 为压缩因子,与温度和压力有关;T 为温度,K;p 为压力,MPa。

本次数值模拟研究,假设温度恒定。基于 NIST(national institute of standards and technology)数据库信息,对一定压力范围内 CO_2、CH_4 的压力值与压缩因子进行线性拟合(webbook.nist.gov/chemistry/fluid/),即可分别得到 CH_4 与 CO_2 的气体压缩因子与气体压力间的关系(图 4-5)。

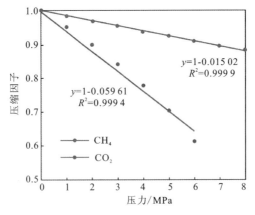

图 4-5 压缩因子与压力间的关系

基于上述分析,在考虑气体压缩效应情况下,煤基质内 CH_4 与 CO_2 气体的吸附/解吸、扩散全耦合方程可分别推导为

$$\frac{\partial p_{CH_4}}{\partial t} - D_{CH_4} \Delta p_{CH_4} = -Z_{CH_4}RT\frac{\partial}{\partial t}\left[\frac{N_{solid}V_{voxel}\rho_{true}sa_{CH_4}b_{CH_4}p_{CH_4}}{fV_mV_e(1+b_{CH_4}p_{CH_4}+b_{CO_2}p_{CO_2})}\right] \quad (4-11)$$

$$\frac{\partial p_{CO_2}}{\partial t} - D_{CO_2} \Delta p_{CO_2} = -Z_{CO_2}RT\frac{\partial}{\partial t}\left[\frac{N_{solid}V_{voxel}\rho_{true}sa_{CO_2}b_{CO_2}p_{CO_2}}{fV_mV_e(1+b_{CH_4}p_{CH_4}+b_{CO_2}p_{CO_2})}\right] \quad (4-12)$$

4.1.3 数值参数及方案

1)数值参数

本次微观尺度 CO_2-ECBM 流体连续性过程数值模拟研究,所需的模拟参数均来源于相关分析测试实验,且模拟所需的气体属性参数均按照 CH_4 与 CO_2 气体属性参数而设置(表 4-1)。

第4章 微观尺度CO₂-ECBM流体连续过程数值模拟

表4-1 微观尺度CO₂-ECBM过程数值模拟参数

变量	参数	值	单位
R	普适气体常数	8.314	J/(K·mol)
T	模拟温度	303	K
s	网格元素内的孔隙表面积	5.4×10^{-9}	m²
a_{CH_4}	CH₄朗格缪尔体积常数	0.0224	m³/kg
b_{CH_4}	CH₄朗格缪尔压力常数	1.86×10^{-7}	1/Pa
a_{CO_2}	CO₂朗格缪尔体积常数	0.0257	m³/kg
b_{CO_2}	CO₂朗格缪尔压力常数	4.93×10^{-7}	1/Pa
V_m	气体的摩尔体积	0.0224	m³/kg
f	总的孔隙表面积	1×10^{-9}	m²
N_{solid}	固体体素的总数量	2.2×10^{7}	—
V_{voxel}	单位体素的体积	1×10^{-18}	m³
ρ_{true}	煤体密度	1250	kg/m³
V_e	数值计算中网格元素的体积	2.7×10^{-14}	m³
D_1	CH₄扩散系数	3.6×10^{-12}	m²/s
D_2	CO₂扩散系数	5.8×10^{-12}	m²/s
p_{10}	CH₄初始压力	0.1	MPa
p_{20}	CO₂初始压力	0	Pa

2) 边界加载

微观尺度上，CO₂-ECBM流体连续过程数值模拟研究，其边界条件加载如下：初始条件下，储层孔隙内饱和CH₄气体（0.10MPa），且CO₂气体压力设为0Pa；CO₂-ECBM过程中，孔隙外部（即立方体外表面）CH₄气体压力设为0Pa，且CO₂气体压力设为0.13MPa（图4-6）。

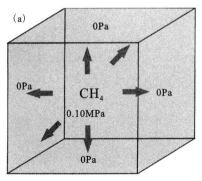 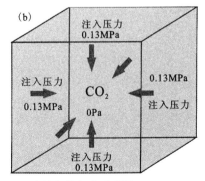

图4-6 CO₂-ECBM过程中CH₄及CO₂边界条件加载示意图

3) 数值方案

针对本次微观尺度CO₂-ECBM过程数值模拟研究，其数值方案设计如表4-2所示：方案

1主要表征微观尺度CO_2-ECBM可视化结果;方案2主要探讨注CO_2压力对CO_2-ECBM的影响;方案3主要探讨CO_2扩散系数对CO_2-ECBM的影响。

表4-2 微观尺度CO_2-ECBM过程数值模拟方案

模拟方案	参数设置	方案目的
方案1	初始注CO_2压力:0.13MPa CH_4初始压力:0.10MPa	可视化CO_2-ECBM结果
方案2	模拟注CO_2压力=1倍初始注CO_2压力	探讨注入压力对CO_2-ECBM的影响
	模拟注CO_2压力=2倍初始注CO_2压力	
	模拟注CO_2压力=3倍初始注CO_2压力	
	模拟注CO_2压力=4倍初始注CO_2压力	
方案3	CO_2模拟扩散系数=1倍实际CO_2扩散系数	探讨CO_2扩散系数对CO_2-ECBM的影响
	CO_2模拟扩散系数=2倍实际CO_2扩散系数	
	CO_2模拟扩散系数=3倍实际CO_2扩散系数	
	CO_2模拟扩散系数=4倍实际CO_2扩散系数	

4.1.4 数值结果及分析

1)CO_2-ECBM数值结果可视化

基于COMSOL Multiphysics仿真软件,对微观尺度CO_2-ECBM流体连续过程模拟结果进行了后处理分析,得出CO_2及CH_4气体运移的压力场在三维立体、二维平面及一维点上的分布如图4-7至图4-9所示。

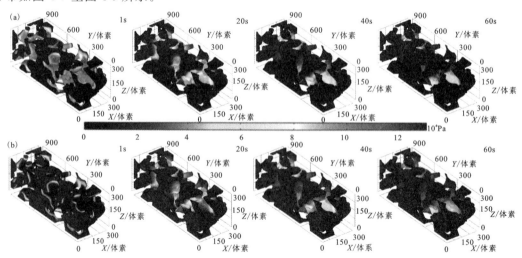

图4-7 CO_2-ECBM过程中气体压力在三维立体上的分布
(a)CH_4不同气压下三维模型;(b)CO_2不同气压下三维模型

第4章 微观尺度 CO_2-ECBM 流体连续过程数值模拟

图 4-7 为 CO_2-ECBM 过程中，CO_2 及 CH_4 气体压力在三维立体上的分布。对于 CH_4 而言，随着 CO_2 驱替 CH_4 时间的增加，无论注气边缘还是中心，CH_4 气体压力逐渐降低[图 4-7(a)]；对于 CO_2 而言，随着 CO_2 驱替 CH_4 时间的增加，自注气边缘至中心，CO_2 气体压力逐渐增大[图 4-7(b)]。整个 CO_2 驱替 CH_4 的周期内，虽然压降相同（$\Delta p=0.03$Pa），但不同时间及不同位置上，气体压力的三维分布差异较大（图 4-7）。气体压力于不同时间及位置上的差异在于孔隙与喉道半径、形状及连通性间的差异[103-105]。同一时间 CO_2 驱替 CH_4 的过程中，CH_4 压力逐渐降低的区域正是 CO_2 压力逐渐升高的区域（图 4-7）。

为进一步分析气体压力场于不同切片内的分布状态，特对不同切片内的压力场进行了定量分析。CO_2 气体自边缘向中心逐渐进行驱替行为，特以 Y 轴为 150μm（第 15 切片）、300μm（第 30 切片）、450μm（第 45 切片）、600μm（第 60 切片）、和 750μm（第 75 切片）的位置为例进行分析，其中分析时间为第 1s、20s、40s 及 60s（图 4-8）。原始切片中，灰色区域代表煤基质；黑色区域代表煤孔隙（图 4-8），即为本次微观尺度 CO_2-ECBM 流体连续过程数值模拟的载体。

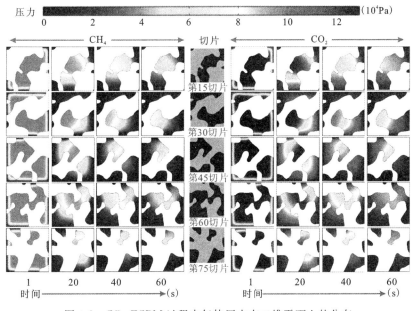

图 4-8 CO_2-ECBM 过程中气体压力在二维平面上的分布

图 4-8 为 CO_2-ECBM 过程中，CO_2 及 CH_4 气体压力在二维平面上的分布。对于 CH_4 气体而言，随着 CO_2 驱替 CH_4 时间的增加，同一切片中，气体压力自切片中心向切片边缘不断降低，且储层内 CH_4 气体的总压力也随着 CO_2 驱替 CH_4 时间的增加而逐渐减低；同一时间不同切片中，中心切片（即第 30 切片、第 45 切片、第 60 切片，代表储层内部）CH_4 气体压力相对较高，而边缘切片（即第 15 切片、第 75 切片，代表储层边缘或者生产井附近）CH_4 气体压力相对较低（图 4-8）。对于 CO_2 气体而言，其气体压力的分布与 CH_4 气体压力的分布正好相反：随着 CO_2 驱替 CH_4 时间的增加，同一切片中，CO_2 气体压力自切片边缘向切片中心不断增加，且储层内 CO_2 气体的总压力也随着 CO_2 驱替 CH_4 时间的增加而逐渐升高；同一时间下，不同切片

中,中心切片(即第30切片、第45切片、第60切片,代表储层内部)CO_2气体压力相对较低,而边缘切片(即第15切片、第75切片,代表储层边缘或者注气井附近)CO_2气体压力相对较高(图4-8)。

本研究特选取A(YZ方向中间截面中心点,表征地质模型的中心区域)、B(YZ方向中间截面近中心点,表征地质模型的近中心区域)、C(YZ方向中间截面边缘点,表征地质模型的边缘区域)3个监测点,以定量研究微观尺度上CO_2-ECBM过程中,不同位置CH_4及CO_2气体压力随时间的分布规律(图4-9)。从A点至C点代表从煤储层的中心至煤储层的边缘位置。

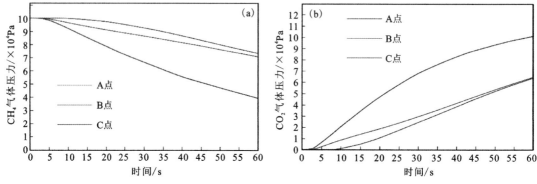

图4-9 CO_2-ECBM过程中不同位置处的气体压力-时间曲线
(a)CH_4压力-时间曲线;(b)CO_2压力-时间曲线

图4-9为CO_2-ECBM过程中,CO_2及CH_4气体压力在一维点上的分布。针对CH_4而言,不同位置CH_4气体压力均随着CO_2驱替CH_4时间的增加而逐渐减少;同一时间下,越靠近模型中心位置CH_4气体压力越高,越靠近模型周缘则CH_4气体压力越低[图4-9(a)]。就CO_2而言,不同位置上CO_2气体压力均随着CO_2驱替CH_4时间的增加而逐渐增大;同一时间下,越靠近模型中心位置,CO_2气体压力越低,越靠近模型周缘则CO_2气体压力越高[图4-9(b)]。气体压力在CO_2驱替CH_4的前期(0~30s)变化较快,后期(>30s)变化较缓(图4-9)。

2)注CO_2压力对CO_2-ECBM的影响

保持CH_4饱和压力0.1MPa及CO_2扩散系数不变,并按方案2改变注CO_2压力来分析注气压力对CO_2-ECBM的影响。本研究以分析CO_2气体分布规律为主。

图4-10为CO_2-ECBM过程中,改变注CO_2压力时,CO_2压力场在三维立体上的分布。同一注CO_2时间下,随着注CO_2压力的增大,CO_2气体压力呈逐渐增大的趋势,且各注CO_2压力下,储层内CO_2气体压力的差异较为明显。不同注CO_2压力下,煤储层内CO_2压力变化均较大,且切片中心CO_2压力的改变量相对较小,切片边缘CO_2压力的改变量相对较大(图4-10)。

为进一步分析不同注CO_2压力下,CO_2压力场于不同切片内的分布状态,特以Y轴450μm(第45切片)的位置为例进行分析,其中分析时间为1s、10s、20s、40s及60s(图4-11)。

图4-11为CO_2-ECBM过程中,改变注CO_2压力时,CO_2压力场在二维平面上的分布。同一注气时间下,随着注CO_2压力的增大,CO_2压力呈逐渐增大的趋势。同一注气压力下,随着注CO_2时间的增加,CO_2压力自切片边缘向切片中心逐渐变大(图4-11)。

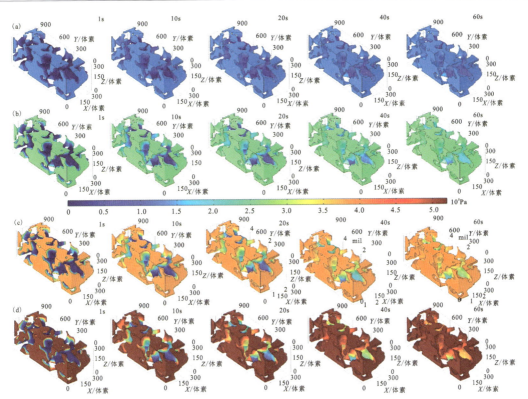

图 4-10 注 CO_2 压力对 CO_2-ECBM 的影响(CO_2 压力场的三维立体分布)

(a)1 倍初始注气压力;(b)2 倍初始注气压力;(c)3 倍初始注气压力;(d)4 倍初始注气压力

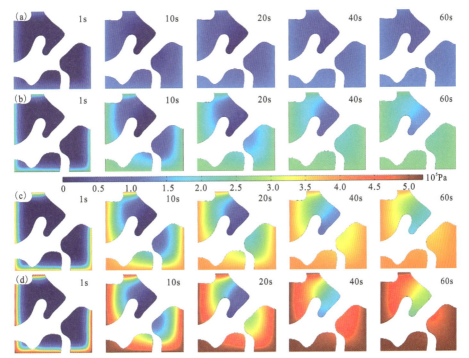

图 4-11 CO_2-ECBM 过程中不同注 CO_2 压力下 CO_2 气体压力的二维平面分布(第 45 切片)

(a)1 倍初始注气压力;(b)2 倍初始注气压力;(c)3 倍初始注气压力;(d)4 倍初始注气压力

本研究特选取 A(YZ 方向中间截面中心点,表征地质模型的中心区域)、C(YZ 方向中间截面边缘点,表征地质模型的边缘区域)2 个监测点,以定量研究微观尺度 CO_2-ECBM 过程中,不同注 CO_2 压力下,煤储层内气体压力的变化规律(图 4-12)。

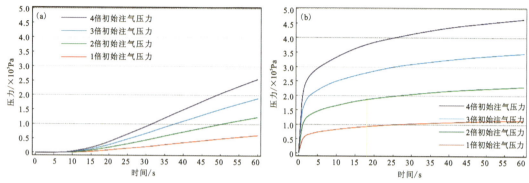

图 4-12 CO_2-ECBM 过程中不同注气压力下 A(a)、C(b)点处 CO_2 气体压力分布

图 4-12 为 CO_2-ECBM 过程中不同注 CO_2 压力下 A、C 点处 CO_2 气体压力的分布。不同注 CO_2 压力下,孔隙内 CO_2 的气体压力均随注 CO_2 时间的增加而逐渐增大;同一时间下,注气压力越大,CO_2 压力增加速率越快,表明 CO_2 的扩散与吸附速率随着注气压力增大而变大(图 4-12)。

3)CO_2 扩散系数对 CO_2-ECBM 的影响

保持 CH_4 饱和压力 0.10MPa 及 CO_2 初始注气压力不变,并按方案 3 改变 CO_2 扩散系数来分析 CO_2 扩散系数对 CO_2-ECBM 的影响。

图 4-13 为 CO_2-ECBM 过程中,不同 CO_2 扩散系数下,CO_2 气体压力的三维分布。同一注 CO_2 时间下,随着注 CO_2 扩散系数的增大,CO_2 气体压力呈逐渐增大的趋势,但各 CO_2 扩散系数下的储层内 CO_2 气体压力的差异不明显,主要原因在于煤储层内注入 CO_2 压力整体较低。同一 CO_2 扩散系数下,不同时间内煤储层内 CO_2 压力变化均较大,且切片中心 CO_2 压力的改变量相对较小,切片边缘 CO_2 压力的改变量相对较大(图 4-13)。

图 4-14 为 CO_2-ECBM 过程中,不同 CO_2 扩散系数下储层内 CO_2 气体压力的二维平面分布。同一注 CO_2 时间下,随着 CO_2 扩散系数的增大,CO_2 气体压力呈逐渐增大的趋势,但各 CO_2 扩散系数下的储层内 CO_2 气体压力的差异不明显。同一 CO_2 扩散系数下,煤储层内 CO_2 压力变化均较大,且切片中心 CO_2 压力的改变量相对较小,切片边缘 CO_2 压力的改变量相对较大(图 4-14)。

本研究特选取 A(YZ 方向中间截面中心点,表征地质模型的中心区域)、C(YZ 方向中间截面边缘点,表征地质模型的边缘区域)2 个监测点,以定量研究微观尺度 CO_2-ECBM 过程中,不同 CO_2 扩散系数下,煤储层内 CO_2 压力的变化规律(图 4-15)。

图 4-15 为 CO_2-ECBM 过程中不同扩散系数下 A、C 点处 CO_2 压力分布。不同 CO_2 扩散系数下,孔隙内 CO_2 的气体压力均随扩散系数的增加而逐渐增大;同一时间下,CO_2 扩散系数越大,CO_2 压力增加速率越快,表明 CO_2 的扩散与吸附速率随着 CO_2 扩散系数增大而变大。CO_2 扩散系数越大,孔隙内 CO_2 气体压力达到稳定状态的时间越早(图 4-15)。

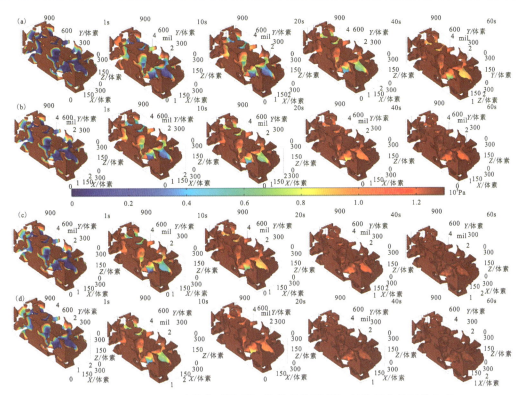

图 4-13 CO_2-ECBM 过程中不同 CO_2 扩散系数下 CO_2 气体压力的三维分布
(a)1 倍初始扩散系数;(b)2 倍初始扩散系数;(c)3 倍初始扩散系数;(d)4 倍初始扩散系数

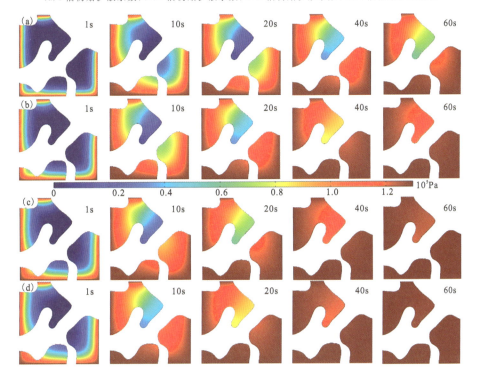

图 4-14 CO_2-ECBM 过程中不同 CO_2 扩散系数下 CO_2 气体压力的二维平面分布(第 15 切片)
(a)1 倍初始注气压力;(b)2 倍初始注气压力;(c)3 倍初始注气压力;(d)4 倍初始注气压力

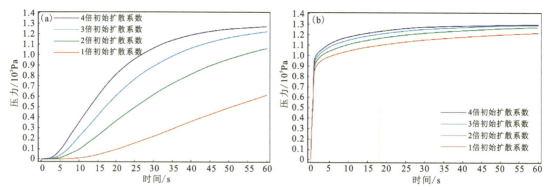

图 4-15 CO_2-ECBM 过程中不同扩散系数下 A(a)、C(b)点处 CO_2 压力分布

4.2 CO_2-ECBM 过程连续性机制分析

基于前文微观尺度 CO_2-ECBM 流体连续过程数值模拟分析结果,可对微观尺度 CO_2-ECBM 流体连续过程机制进行规律性分析与总结。该分析与总结主要是为模拟工程尺度 CO_2-ECBM 流体连续过程数学模型的推导及其基本假设的设定做前期准备。

4.2.1 CO_2-ECBM 连续过程动态特征

图 4-16 为 CO_2-ECBM 流体连续过程示意图。基于此图并结合前人关于 CO_2-ECBM 渗流理论的相关论述[106],可分别分析 CH_4 及 CO_2 气体在 CO_2-ECBM 过程中的吸附-解吸-扩散-渗流等连续过程。

对于 CO_2 而言:注入的 CO_2 以连续性流动为主沿着宏观裂隙和显微裂隙向煤基质运移;注入的 CO_2 首先置换大孔及中孔内表面覆盖式吸附的 CH_4,以形成 CO_2 的单分子层吸附;继而以菲克型扩散、滑流及表面扩散等方式运移至微孔;进而,CO_2 置换出微孔内以体积充填方式吸附的 CH_4,并形成 CO_2 的多分子层吸附(图 4-16)。

对于 CH_4 而言:初始状态下,煤储层内的 CH_4 气体处于饱和状态,CH_4 分子在煤储层基质内维持着气体吸附-解吸行为的动态平衡状态。注入的 CO_2 会打破基质内 CH_4 的这种平衡状态。由于煤基质对 CO_2 的吸附能力大于 CH_4,因此,当 CO_2 与 CH_4 在煤基质内进行竞争吸附行为时,煤基质有优先吸附 CO_2 而解吸 CH_4,从而完成 CO_2 置换 CH_4 的过程(图 4-16)。

煤基质内表面所吸附的 CH_4 与 CO_2 存在吸附位的竞争,一般而言,煤基质对 CO_2 的吸附能力是对 CH_4 吸附能力的 2 倍;被解吸出来的 CH_4 在浓度梯度的作用下以扩散的方式从煤基质表面进入到微孔与小孔中,其过程主要遵循菲克定律;继而在压力梯度的作用下以渗流的方式从孔隙运转到裂隙,继而运移至井筒,此过程主要遵循达西定律(图 4-17)。

基于对道尔顿定律的分析,CO_2-ECBM 过程中,尽管煤储层内的气体总压力保持不变,但储层内 CO_2 的分压随时间不断增加,CH_4 分压随时间不断减少;储层内注入的 CO_2 经过竞争吸附逐渐取代储层内的 CH_4,使得 CH_4 采收率得以提高,并同时储存 CO_2(图 4-17)。

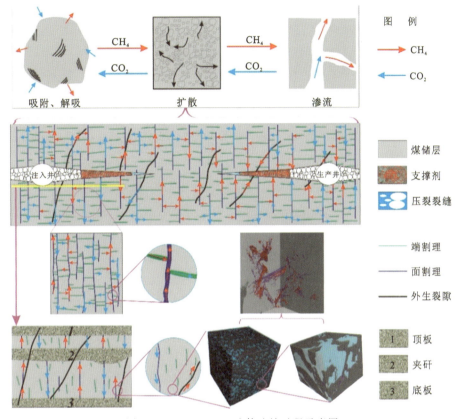

图 4-16　CO_2-ECBM 流体连续过程示意图

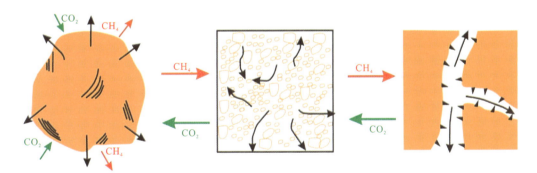

图 4-17　CO_2 注入与 CH_4 产出流体动态过程

4.2.2　CO_2-ECBM 连续过程控制因素

CO_2-ECBM 流体连续过程主要受煤岩类型[107]、围压大小[108]、注气压力[109]、温度[110]、注气类型[109]等几方面影响。煤岩类型有高阶煤与低阶煤的不同;围压随煤层埋深有高低不同;注压由低压、常压向高压逐渐探索;温度随煤层埋深也有高低不同;注气类型由单一气体向混合气体探索,且混合气体的注气比例也在不断调整。总而言之,CO_2-ECBM 流体连续过程是一个受各因素相互影响的过程,且主要影响因素可归为"煤储层孔裂隙结构网络"和"储层内流体特征"2个方面。

1)煤储层孔裂隙结构网络

煤储层可抽象为由基质孔隙和裂隙组成的双孔介质[111],"双孔"特指基质孔隙系统和由网状微裂缝、割端理和断层组成的裂隙系统。孔隙主要是在成煤过程中,煤储层受物理、化学作用所发育演化;裂隙主要受后期应力效应所演化形成。煤储层内,相互连通的孔裂隙所形成的多级孔裂隙结构网络,可制约煤储层内流体的吸附/解吸、扩散及渗流。流体于煤储层内总体处于动态平衡中,煤基质内孔隙系统主要是流体的吸附场所,而流体的运移通道主要为裂隙系统。

煤储层内的孔隙系统(吸附孔隙、渗流孔隙)和裂隙系统(微观裂隙及宏观裂隙)构成了煤储层孔裂隙多级网络结构,是 CO_2-ECBM 过程中, CH_4 与 CO_2 气体的主要赋存空间及运移通道,对 CO_2-ECBM 连续过程的制约效应可总结如下:①CO_2-ECBM 过程中,煤储层内的微孔和中孔是 CH_4 与 CO_2 气体的主要赋存场所;②在孔裂隙尺度上, CO_2-ECBM 过程中, CH_4 的运移产出路径为微孔→中孔→大孔→显微裂隙→内生裂隙→宏观裂隙→压裂裂缝;③在孔裂隙尺度上, CO_2-ECBM 过程中, CO_2 的运移路径与 CH_4 的运移路径正好相反,即压裂裂缝→宏观裂隙→内生裂隙→显微裂隙→大孔→中孔→微孔;④宏观方面, CO_2-ECBM 过程中, CH_4 的产出经历了三级流动,即孔隙→天然裂隙→压裂裂缝→井筒。⑤宏观方面, CO_2-ECBM 过程中, CO_2 的注入也经历了三级流动,即井筒→压裂裂缝→天然裂隙→孔隙。

2)储层内流体特征

煤储层内除主要含有 CH_4 气体外,还含有 N_2、CO_2 等其他气体。煤储层基质对各气体间的吸附差异及各气体间自身的物理、化学差异是煤储层内流体特征影响 CO_2-ECBM 过程连续性的关键。

煤基质对储层内不同流体间的吸附能力与各流体分子的沸点成正比,针对 CH_4 及 CO_2 气体,其沸点逐渐增大(表4-3),因此,煤基质对 CH_4 及 CO_2 气体的吸附能力依次增大。

表4-3 CH_4、CO_2 的物理化学参数表

物理化学参数	CH_4	CO_2
沸点/℃	−161.5	−78.5
临界温度/℃	−82	31
临界压力/MPa	46 407	7.39
临界密度/(kg·m^{-3})	426	466
吸附能力大小	小→→→→→→→→→→大	

在相同温度、压力环境下,不同流体间的热运动程度也存在很大差异;气体黏度随着自身温度的升高而逐渐增大,与之相伴随的气体分子间的热运动越剧烈; CH_4 较 CO_2 黏度增大,因此, CH_4 热运动较剧烈,对 CH_4 及 CO_2 气体的扩散及渗流特性会产生影响,并最终会影响 CO_2-ECBM 流体连续过程。

4.2.3 CO$_2$-ECBM 连续过程作用机制

1）气体吸附-解吸作用机制

（1）吸附位理论

前文已提到，煤基质对于 CO$_2$、CH$_4$ 等不同气体的吸附能力存在很大差异。煤基质对 CO$_2$ 的吸附能力约为 CH$_4$ 的 2 倍。基于经典的朗格缪尔理论，煤基质孔隙内表面存在可吸附气体分子的吸附位。当处于平衡状态下，煤基质孔隙内表面对气体分子的吸附速率等同其对气体分子的解吸速率。煤基质对气体分子的吸附过程及解吸过程是一个动态可逆的过程。当降低储层压力时，吸附于煤基质表面的气体会由吸附态变为游离态，初始的吸附平衡状态将会被打破。将储层内注入 CO$_2$ 气体时，CO$_2$ 气体分子会与储层内原始 CH$_4$ 分子产生竞争吸附。由于煤基质对 CO$_2$ 分子具有吸附优势，CO$_2$ 分子会将 CH$_4$ 分子从某一吸附位上竞争下来，从而完成置换吸附作用。

（2）吸附势理论

煤分子与气体分子间所存在的色散力与诱导力，可形成煤储层内煤分子与气体分子间的吸附势阱深度[112]。吸附势阱深度与气体分子的极化率和电离势呈正相关关系。CO$_2$ 及 CH$_4$ 的极化率和电离势数据见表 4-4：CO$_2$ 分子的电离势及极化率均高于 CH$_4$ 分子，因此，煤基质对 CO$_2$ 气体的吸附能力相对高于 CH$_4$ 气体。基于吸附势理论：吸附势能大的气体（如 CO$_2$）脱离煤基质表面所需的势能越大。当注入的 CO$_2$ 气体与 CH$_4$ 气体在煤基质内相遇时，CO$_2$ 气体所具有的较大的吸附势能，使 CO$_2$ 与煤基质表面的结合更"牢固"，也可将吸附势能相对较弱的 CH$_4$ 气体"踢出"煤基质，从而发生置换吸附与解吸作用。

表 4-4 CH$_4$、CO$_2$ 的物理化学参数表

物理化学参数	CH$_4$	CO$_2$
电离势/eV	13.8	15.6
极化率体积/10^{-25} cm^3	26	26.5
吸附能力大小	小 →→→→→→→→→→→→→→→ 大	

（3）分子运动理论

基于分子运动理论，在煤储层初始状态下，煤基质对 CH$_4$ 的吸附与解吸总是处于动态的平衡状态中。对 CH$_4$ 在煤基质孔隙内表面的吸附作用的研究表明：煤基质对 CH$_4$ 的吸附总处于未饱和吸附状态，煤基质表面所赋予的所有吸附位并没有完全被 CH$_4$ 分子占据，其仍然会有部分空余吸附位存在。吸附态的 CH$_4$ 随时会解吸为游离态的 CH$_4$，从而空出更多的空余吸附位；游离态的 CH$_4$ 也可随时吸附为吸附态的 CH$_4$，从而占据新的空余吸附位[图 4-18(a)]。

在煤层内注入 CO$_2$ 时，游离态 CO$_2$ 气体会与吸附态 CH$_4$ 气体产生竞争吸附现象，以争夺煤基质表面的空余吸附位。由于煤基质对 CH$_4$ 的吸附能力弱于 CO$_2$，因此，吸附态的 CH$_4$ 会解吸为游离态的 CH$_4$，从而空出更多的空余吸附位供游离态的 CO$_2$ 所吸附[图 4-18(b)]。

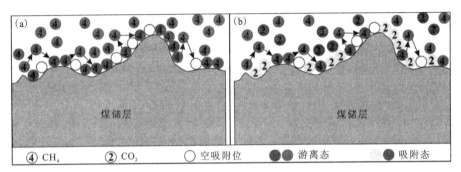

图 4-18 CH$_4$ 及 CO$_2$ 占据吸附位示意图
(a)煤储层初始状态；(b)CO$_2$ 注入煤储层后

2)气体扩散作用机制

气体的扩散作用主要表征气体在浓度差作用下，由煤基质孔隙向显微裂隙的运移过程。气体扩散可以分为 3 类：菲克型扩散、Knudsen 扩散及表面扩散。各种扩散类型的划分主要是基于 Knudsen 数(Kn)。广义的 Knudsen 数(Kn)可定义如下：

$$Kn = \frac{\mu}{4p}\sqrt{\frac{\pi RT\varphi}{M\tau_h K}} \tag{4-13}$$

式中：μ 为气体黏度，Pa·s；p 为储层内气体压力，Pa；R 为理想气体常数；K 为多孔介质渗透率，m^2；τ_h 为孔喉迂曲度，无量纲；M 为气体分子量，g/mol；T 为绝对温度，K。

菲克型扩散：$Kn \geqslant 10$，气体分子的自由程远小于煤基质内的孔隙孔径，则自由分子间的运动碰撞主要发生在自由分子之间；Knudsen 型扩散：$Kn \leqslant 0.1$，气体分子的自由程远大于煤基质内孔隙孔径，则自由分子间的运动碰撞主要为自由分子与煤基质孔隙壁间的碰撞；当 $0.1 < Kn < 10$ 时，气体扩散则为过渡型扩散。

当 CO$_2$ 被注入煤储层内，煤基质孔隙内均存在 CH$_4$ 及 CO$_2$ 气体的浓度。对于 CH$_4$ 而言[113-114]：越来越多的吸附态 CH$_4$ 向游离态转换，并持续向孔隙外扩散；且游离态的 CH$_4$ 分压随着 CH$_4$ 浓度的持续降低而进一步降低，这也将促使吸附于煤基质表面的 CH$_4$ 进一步扩散至裂隙系统。对于 CO$_2$ 而言[107,109,113]：初始状态下，煤储层孔裂隙内的 CO$_2$ 浓度基本为 0。注入 CO$_2$ 后，从裂隙至孔隙内，CO$_2$ 浓度逐渐提高。CO$_2$ 在浓度梯度作用下逐渐由裂隙向孔隙内扩散，并部分吸附于煤基质孔隙内表面，由游离态 CO$_2$ 变为吸附态 CO$_2$。

3)气体渗流作用机制

气体的渗流作用主要表征气体在压力差作用下，于煤储层裂隙内的运移过程。CO$_2$-ECBM 过程中，煤储层内各级孔裂隙网络之间存在着压力差，从而使 CH$_4$ 气体渗流出煤储层、CO$_2$ 气体渗流进煤储层内[115-116]。CO$_2$-ECBM 过程中，流体的渗流作用主要遵循达西定律：

$$v = -\frac{K}{\mu}\frac{dp}{dx} \tag{4-14}$$

式中：v 为 CH$_4$ 或 CO$_2$ 的渗流速度，m/s；K 为 CH$_4$ 或 CO$_2$ 的渗透率，m^2；μ 为 CH$_4$ 或 CO$_2$ 的黏度，Pa·s；p 为压力差，Pa；x 为距离长度，m。

第 4 章　微观尺度 CO_2-ECBM 流体连续过程数值模拟

综上所述,本研究主要开展了微观尺度 CO_2-ECBM 流体连续过程数值模拟分析,并对微观尺度 CO_2-ECBM 流体连续过程机制进行了规律性分析与总结。微观尺度 CO_2-ECBM 流体连续过程数值模拟,主要是为模拟工程尺度上 CO_2-ECBM 流体连续过程数学模型的推导,做前期基本假设的理论分析。

第5章 实验室尺度 CO_2-ECBM 流体连续过程实验模拟

天然煤层中不仅包含有机质、矿物质,还包含水。CO_2 被人工注入具有复杂结构的煤层后,水的存在不仅会改变煤对气体的吸附和解吸效果,还会改变煤层中的气水流运过程[117-118]。然而,对于煤层气的气液流动特征仍然困难并缺乏足够的研究。CO_2-ECBM 过程需要更好地理解长期地质存储中气水的空间流动、分布及其输运过程和行为。

5.1 碎软低渗煤层的渗透性特征

实验采用设备是由安徽理工大学煤炭安全精准开采国家地方联合工程研究中心研发的 TCXS-Ⅱ型煤岩气水相对渗透率测定仪。该仪器是基于达西定律,在模拟地层环境下测试煤岩的气测渗透率,且能通过改变煤岩的轴向和径向受力(轴压和围压),观察煤岩渗透率的变化规律[119]。

将实验室大块煤样沿平行层理钻取并加工制成直径 5cm、高 10cm 的柱状形试件,然后放在 70℃环境下烘干 5h。先对煤岩渗透率的各向异性进行分析,多因素耦合影响渗透率实验则分 3 组进行。第一组探讨轴压和孔隙压力耦合的影响,温度为 20℃,轴压设置为 2MPa、4MPa、6MPa、8MPa、10MPa,在各轴压条件下又设置 6 个孔隙压力,分别为 1MPa、2MPa、3MPa、4MPa、5MPa、6MPa。第二组探讨温度和孔隙压力的影响,温度设置为 20℃、40℃、60℃,在各温度条件下又设置 8 个孔隙压力条件,分别为 1MPa、2MPa、3MPa、4MPa、5MPa、6MPa、7MPa、8MPa。第三组探讨围压循环加卸载的影响,设置 5 个围压条件,分别为 4MPa、5MPa、6MPa、7MPa、8MPa,并循环加卸载 3 次。

煤中垂直层理方向上,渗透率随孔隙压力的增加呈降低趋势,在低孔隙压力下,气体分子的滑脱效应使得煤储层渗透率相对较高,随着孔隙压力增大,气体分子密度会增大,且气体分子间的平均自由程会减小,从而导致滑脱效应减弱,渗透率降低,由此判断出在垂直层理方向渗流通道主要为纳米孔隙;平行层理方向上,渗透率受孔隙压力影响不大,说明平行层理方向气体滑脱效应不显著,由此判断其渗流通道主要为煤中微裂隙。垂直层理方向,煤样绝对渗透率为 $25 \times 10^{-3} \mu m^2$;平行层理方向,煤样绝对渗透率为 $350 \times 10^{-3} \mu m^2$,为垂直层理方向的 14 倍。煤中孔裂隙分布的各向异性导致了渗透率在垂直和平行层理方向上的各向异性(图 5-1)。

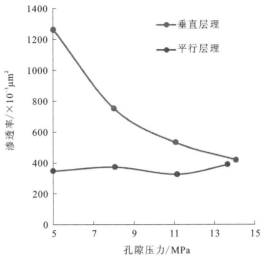

图 5-1 刘庄煤矿样品覆压渗透率

5.1.1 轴压和孔隙压力耦合作用对煤岩 CH_4 渗透性的影响

轴压和孔隙压力耦合的试验主要研究煤岩 CH_4 渗透率在地应力和瓦斯压力作用下的变化规律[120-122]。温度为 20℃时，不同轴压和围压条件下煤岩 CH_4 渗透率与孔隙压力的关系曲线如图 5-2 所示。

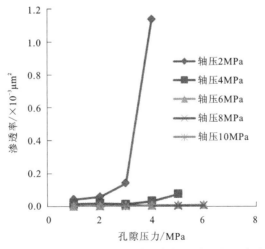

图 5-2 应力状态下煤样渗透率与孔隙压力的关系

由图 5-2 中曲线可看出，固定围压和轴压条件下，煤样 CH_4 渗透率会随孔隙压力的增加而增大，且在轴压为 2MPa 时，这种趋势更为明显，呈先缓慢增加后急剧增加的趋势，但随着轴压的增大，煤样 CH_4 渗透率随孔隙压力增加的增幅变小。在轴压增大时，无论孔隙压力如何变化，整体渗透率都呈现减小趋势，且煤岩渗透率的减小量随着孔隙压力的增大而增大，这说明轴压对煤样渗透性的影响要远大于孔隙压力对煤样渗透性的影响。但随着轴压的增大，煤岩渗透率的降低速率会呈现减小趋势。当轴压小于 4MPa 时，煤岩渗透率的减小量极大，随着轴压的增大，煤岩渗透率的减小量在逐渐变小，这是由于煤中孔隙以微孔为主，所以煤中微孔隙被逐渐压缩至闭合的轴压值较小，导致煤岩渗透率随着轴压增大的降低速率先急剧下降，后下降变缓慢。

5.1.2 温压耦合作用对煤岩 CH_4 渗透性的影响

温压耦合试验主要研究地温和地应力作用下煤岩 CH_4 渗透特性的变化规律。在轴压为 6MPa，围压为 8MPa 时，不同温度条件下煤岩 CH_4 渗透率与孔隙压力的关系曲线如图 5-3 所示。

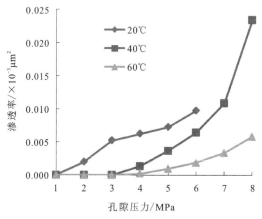

图 5-3 不同温度渗透率与孔隙压力的关系

由图 5-3 中曲线可以看出，随着温度的增大，煤岩 CH_4 的渗透率呈现下降趋势，这是由于煤样中有效应力强于热应力，当温度升高时，煤基质发生内部膨胀，导致煤样中孔裂隙被压缩，渗透率减小[123]。为了更好地分析温压耦合作用下对煤岩渗透率的影响，本实验采用渗透率减小值来反映温压耦合作用下煤岩渗透率的减小量，并以式(5-1)进行计算：

$$D_{i(\theta)} = K_\theta - K_{\theta+20} \tag{5-1}$$

式中：$D_{i(\theta)}$ 孔隙压力为 iMPa 时，温度 θ℃ 与 $\theta+20$℃ 之间的渗透率减小值，$\times 10^{-3} \mu m^2$；K_θ 为温度为 θ℃ 时的煤岩孔隙渗透率值，$\times 10^{-3} \mu m^2$；$K_{\theta+20}$ 为温度为 $\theta+20$℃ 时的煤岩孔隙渗透率值，$\times 10^{-3} \mu m^2$。

利用式(5-1)计算出的结果如表 5-1 所示。

表 5-1 温压耦合作用下煤岩 CH_4 渗透率减小量　　　　　　　　单位：$\times 10^{-3} \mu m^2$

温度/℃	不同压力下 CH_4 渗透率减小量							
	1.0MPa	2.0MPa	3.0MPa	4.0MPa	5.0MPa	6.0MPa	7.0MPa	8.0MPa
20	0	1.98	5.25	4.94	3.62	3.36	—	—
40	0	0	0	0.11	2.70	4.51	7.53	17.62

根据计算结果作出温压耦合作用下煤岩CH_4渗透率的减小量图,如图5-4所示。

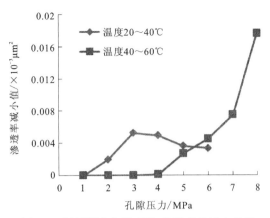

图5-4 温压耦合作用CH_4渗透率的减小量图

通过上述图表可看出,当温度从20℃上升到40℃时,煤岩CH_4渗透率的减小量在孔隙压力为1~3MPa范围内呈上升趋势,在3~6MPa范围内呈下降趋势,即温度从20℃上升到40℃时,当孔隙压力小于3MPa,煤岩CH_4的渗透率随温度升高的降低值在增大,即随着温度升高孔隙压力会促进煤岩CH_4渗透率的减小;当孔隙压力大于3MPa,煤岩CH_4的渗透率随温度升高的降低值在减小,即随着温度的升高,孔隙压力会抑制煤岩CH_4渗透率的减小。究其原因可能是随着温度升高煤样中出现了气体滑脱效应,但因煤样中有效应力小于热效应,因此随着温度的升高,煤基质也产生了内部膨胀,内部膨胀对渗透率的抑制作用大于气体滑脱效应对渗透率的贡献,所以随着温度的升高,煤中渗透率整体呈下降趋势。排除热效应引起的煤基质内部膨胀,在孔隙压力小于3MPa范围内,煤中渗透率以滑脱效应为主导因素,但随着孔压大,煤中气体分子的滑脱效应会减弱,使得渗透率进一步降低;在孔隙压力大于3MPa范围内,滑脱效应对煤岩渗透率的贡献极小或滑脱效应直接消失,此时煤中渗透率以孔隙压力为主导,则随着孔隙压力的增大,煤中孔裂隙楔开程度增大,渗透率上升。且不排除存在一个孔隙压力阈值使得当孔隙压力达到该阈值之后,煤岩CH_4的渗透率就不会再有随着温度的升高(从20℃上升到40℃)而降低的可能。结合气固耦合实验,温度为20℃时,煤岩CH_4渗透率会随孔隙压力的增加一直呈现上升趋势,即孔隙压力与煤岩CH_4渗透率之间为正相关关系,由此可得出,存在一个温度值使得当温度超过该值时,煤中就会发生气体滑脱效应,而随着孔隙压力的增加,滑脱效应又会逐渐减小直至消失。

当温度从40℃上升至60℃时,煤岩CH_4的渗透率减小量呈现上升趋势。这可能是由于随着温度的升高,煤中渗透率以滑脱效应为主导因素的阶段开始变长,滑脱效应消失的孔隙压力值在增大,而因实验数据不足,此处不能作出滑脱效应消失后由孔隙压力主导渗透率阶段的图。

在孔隙压力为1~5MPa范围内,温度从20℃上升到40℃的煤岩CH_4渗透率减小量一直大于温度从40℃上升到60℃的煤岩CH_4渗透率减小量;当孔隙压力达到6MPa后,温度从20℃上升到40℃的煤岩CH_4渗透率减小量就小于温度从40℃上升到60℃的煤岩CH_4渗透率减小量。这说明在孔隙压力为 5～6MPa 范围内存在一个值使得当孔隙压力小于该值时,煤样中会产生气体滑脱效应,随着温度的增加,煤中气体滑脱效应增强,渗透率增大,即温度会抑制煤岩 CH_4 渗透率的减小,当孔隙压力大于该值时,煤样中气体滑脱效应减弱甚至消失,则随着温度升高,渗透率会减弱,即温度会促进煤岩 CH_4 渗透率的减小。

5.1.3 围压循环加卸载作用下的煤岩 CH_4 渗透特征

围压循环加卸载试验目的是研究在围压循环加卸载条件下煤岩渗透率的变化规律。在固定轴压为 4MPa、孔隙压力为 3MPa 和温度为 20℃ 条件下围压循环加卸载作用下煤岩 CH_4 渗透率变化曲线如图 5-5 所示。

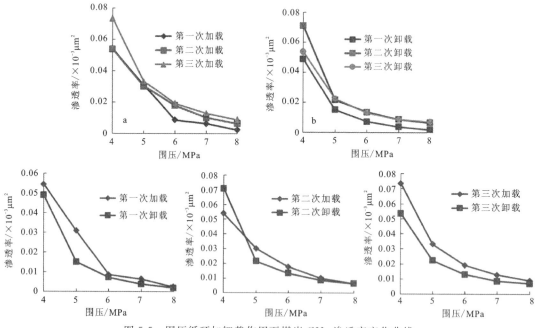

图 5-5 围压循环加卸载作用下煤岩 CH_4 渗透率变化曲线

加载过程渗透率呈逐渐下降趋势,且随着围压的增大,渗透率减小速率不断降低[图 5-5(a)],卸载过程渗透率呈近指数型上升[图 5-5(b)]。这是由于加载过程中,煤中孔隙会被逐渐压缩甚至闭合,这就导致了渗透率的减小速率会随围压的增大而减弱;卸载过程中,最开始是以煤基质卸载为主,即煤体分子间的距离变大,基质密度变大,煤基质卸载到一定程度后,煤中孔隙也开始卸载[124-127]。第一次循环加载中,加载过程出现了渗透率随围压的增大先急剧下降后缓慢下降的现象,这主要是由于煤中孔隙以微孔为主,所以在加载前期,煤中微孔隙被逐渐压缩至闭合,以至于加载后期煤中孔隙度急剧减小。卸载完成后的渗透率比初始加载渗透率略小[图 5-5(c)],说明第一次的加载仅使得煤样中原生孔裂隙被压缩,并没有破坏煤体结构,即煤岩基质仅发生弹-塑性变形。在卸载时煤岩基质产生弹性恢复,被压缩的孔裂隙也在恢复。但部分煤岩基质由于发生的是塑性变形,使得卸载后不能完全恢复至原来大小,导致卸载完成后的渗透率比初始渗透率略小。第二次循环加载中出现了卸载完成之后的渗透率大于初始加载时的渗透率[图 5-5(d)]的现象,但在加载过程中并未出现渗透率上升的情况,因此排除煤体因过载产生破碎的可能,则导致卸载后的渗透率比加载初的渗透率高的原因可能是在循环加载过程中煤样的内部结构面由于受到反复摩擦,使得原本内部结构遭到破坏,从而导致煤样颗粒之间的黏结力减弱,进而产生了新的孔隙和裂隙,这就使得卸载过程中,除了原本孔裂隙的弹性恢复外,新产生的孔裂隙也提高了煤岩的渗透率。第三次循环加载中,卸载完成后的渗透率比初始加载的渗透率小[图 5-5(e)],说明第三次煤岩基质也仅发生弹-塑性变形,在卸载时部分煤岩基质产生弹性恢复,部分煤岩基质由于发生塑性变形不能完全恢复。

基于孔隙率越大,岩块强度越大的理论,此处对整个循环加载过程中的煤体强度以及产生图 5-5 中的曲线原因进行简要分析。第一次循环加载后,由于部分煤岩基质发生了塑性变形不能恢复至原来大小,导致了煤样中的孔隙率减小,煤体强度相对未加载时的煤体强度减弱。第二次循环加载由于煤体的强度减弱以及煤样内部结构的反复摩擦,使得煤样中产生了部分局部裂隙,卸载过程中新生裂隙也得以调整,导致煤样中孔隙率增大,煤样强度随之增大。第三次循环加载过程中,煤体强度的增大使得煤岩不易产生新的裂隙,在卸载时,除了原本的孔裂隙部分发生塑性变形外,第二次循环加载过程中新产生的部分孔裂隙也发生了塑性变形,使得煤样中的孔隙率也在减小,且减小率相较于第一次循环加载的要大,但总体孔隙率依然高于第一次卸载完成后的孔隙率。由此分析,在煤岩发生失稳破坏之前,不断地对煤岩进行循环加载会使得煤中裂隙增多,从而增大煤岩的渗透率。

5.2 碎软低渗煤层的 CH_4 吸附与 CO_2 驱替特征

5.2.1 实验设备与测试原理

目前国内能够开展 CO_2-ECBM 实验模拟的实验设备较为局限,通过翔实调研,综合考虑不同测试手段优势及结果可靠性,本研究将借助低场核磁共振技术开展 CO_2-ECBM 实验模拟研究。实验仪器型号为中尺寸核磁共振分析仪 MesoMR12-070H-I(图 5-6),工作原理如图 5-7 所示。

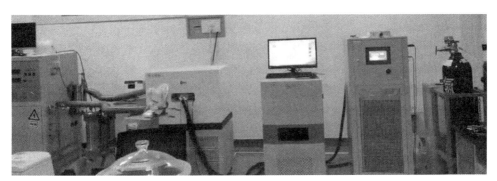

图 5-6 中尺寸核磁共振分析仪 MesoMR12-070H-I

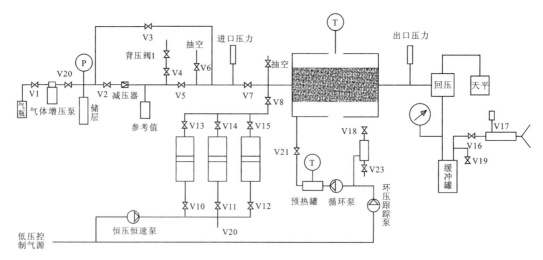

图 5-7 CO_2 驱替 CH_4 原理示意图

近年来,随着技术的不断进步,低场核磁共振技术作为一种快速、无损、连续探测、获取信息量丰富的测试手段,在表征非常规储层孔裂隙结构等油气勘探领域有着广泛的应用[128-132]。低场核磁共振测试手段可摒除岩石复杂组分的影响,准确获得一定尺度内岩石孔径分布特征。测试原理是根据储层孔裂隙中注入流体的弛豫时间与孔径呈正相关关系,以此反映测试样品的孔裂隙结构。测试过程中弛豫时间为[133-134]

$$\frac{1}{T_2} = \frac{1}{T_{2,b}} + \frac{1}{T_{2,s}} + \frac{1}{T_{2,d}} \tag{5-2}$$

式中:T_2、$T_{2,b}$、$T_{2,s}$、$T_{2,d}$ 分别为总弛豫时间、自由弛豫时间、表面弛豫时间和扩散弛豫时间,ms。快扩散条件下,当多孔介质为单相流体饱和时自由弛豫时间($T_{2,b}$)远远大于表面弛豫($T_{2,s}$),且扩散弛豫时间($T_{2,d}$)对总弛豫时间的影响更为微不足道,因此,式(5-2)可进一步表达为[135]

$$\frac{1}{T_2} = \frac{1}{T_{2,s}} = \rho(S/V) = \rho(a/r) \tag{5-3}$$

式中:ρ 为表面弛豫率,%;S 为多孔介质比表面积,m^2/g;V 为多孔介质孔容,mL/g;a 为固定常数/孔隙形状因子($a=1$ 代表平板孔;$a=2$ 代表圆柱形孔;$a=3$ 代表球状孔);r 为孔径,m。由式(5-2)可知,弛豫时间与孔径尺度呈正相关关系。

本研究将借助低场核磁共振试验仪开展煤样吸附实验及 CO_2-ECBM 室内模拟实验。将采集到的煤样加工成直径 2.5cm、高约 5.0cm 的圆柱形煤柱,用以开展实验。

5.2.2 碎软低渗煤层的 CH_4 吸附特征

对于确定的刘庄煤矿和祁东煤矿两个矿的煤层煤样,进行样品 CH_4 吸附的核磁共振实验研究,获得不同煤样在 50℃ 条件下的 CH_4 吸附特征,并将其结果绘制成图,如图 5-8 和图 5-9 所示。

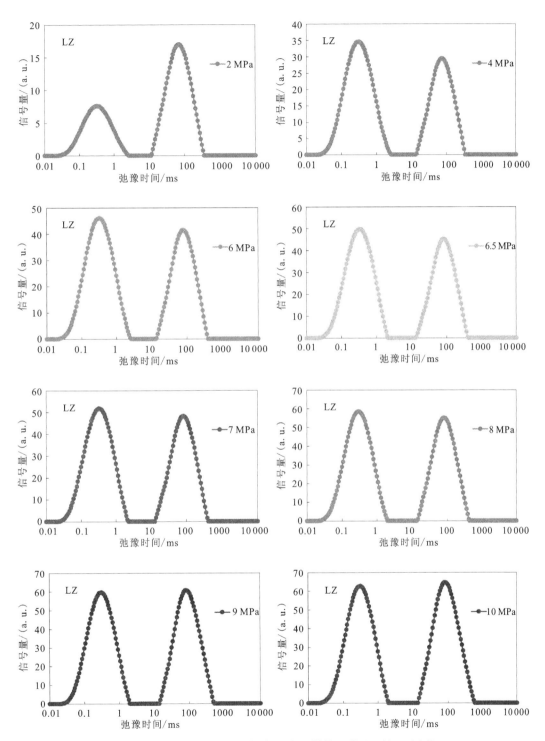

图 5-8 刘庄煤矿样品不同注气压力下煤样吸附过程的 T_2 图谱

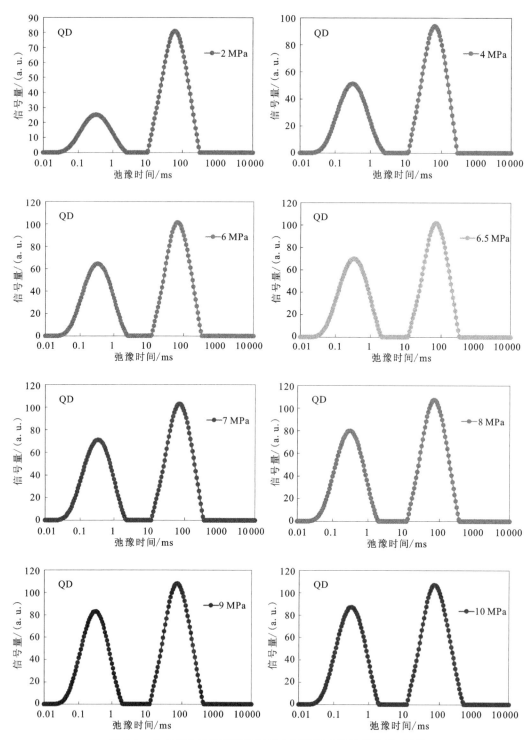

图 5-9 祁东煤矿样品不同注气压力下煤样吸附过程的 T_2 图谱

由图 5-8 和图 5-9 可知,2 件样品的吸附区间和 T_2 谱峰随着注气压力的增大而变大,整体呈现向更大吸附区间移动的趋势;游离区间表现出相同规律,整体上随着压力的增加而迅速增大。压力增大,气体分子数增多,煤捕捉到甲烷分子的概率增大,更易于吸附的发生。祁东煤矿样品的 P_1、P_2 峰之间有明显的分界线,说明微孔和中孔、大孔之间的连通性较差。该种煤样有利于 CH_4 的吸附,但不利于 CH_4 的扩散和渗流。

将 2 件样品的吸附 T_2 谱积分和游离态 T_2 谱积分与压力进行拟合,吸附态和游离态 CH_4 的 T_2 谱积分随压力变化规律如图 5-10 和图 5-11 所示。

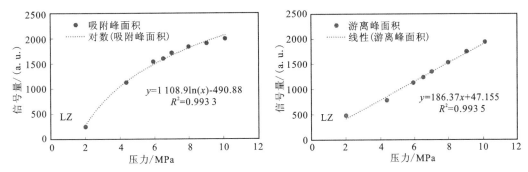

图 5-10　刘庄煤矿样品吸附过程不同相态 CH_4 的 T_2 谱积分随压力变化规律

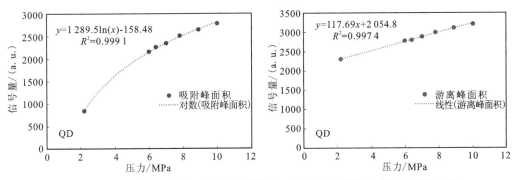

图 5-11　祁东煤矿样品吸附过程不同相态 CH_4 的 T_2 谱积分随压力变化规律

由图 5-10 和图 5-11 可知:刘庄煤矿样品的吸附态和游离态 T_2 谱振幅积分分别由 2MPa 的 253.62、484.62 增加至 10MPa 的 2 002.13 和 1 943.21;祁东煤矿样品的吸附态和游离态 T_2 谱振幅积分分别由 2MPa 的 845.39、2 307.72 增加至 10MPa 时的 2 779.34 和 3 211.93。这表明随着 CH_4 注气压力的增加,2 件样品的吸附态 T_2 谱振幅积分及游离态 T_2 谱振幅积分均呈现显著增加的趋势。吸附态甲烷 T_2 谱振幅积分符合吸附等温线 Langmuir 方程式,相关性显著。这表明煤柱的 CH_4 吸附过程与煤颗粒的等温吸附测试有同样的特征,也验证了核磁共振测试对吸附实验的可靠性。

然而,可以看出的是,刘庄煤矿样品与祁东矿样品相比,在初始 2MPa 时具有相对较低的吸附峰面积和游离峰面积。并且在到达 10MPa 时,刘庄煤矿样品仍然保持了最高的吸附峰面积和游离峰面积,表明刘庄煤矿样品的 CH_4 吸附量相对较低,祁东煤矿样品的 CH_4 吸附量相对较高,具有相对较高的 CH_4 吸附能力。

从游离峰面积看,2件样品的游离态甲烷 T_2 谱振幅积分与压力均呈线性正相关关系,相关性极高。这与游离态甲烷随压力的增加具有一致性,符合气体状态方程。然而,可以看出的是,刘庄煤矿样品较祁东煤矿样品具有更大的线性拟合斜率,表明刘庄煤矿样品具有更高的游离甲烷含量,并随压力的增大而增加较快。

根据甲烷核磁共振总信号幅度与游离态甲烷含量的线性关系,可实现煤中甲烷含量的定量计算,获得根据核磁共振信号转换的2个样品的甲烷含量随压力的变化如图5-12和图5-13所示。

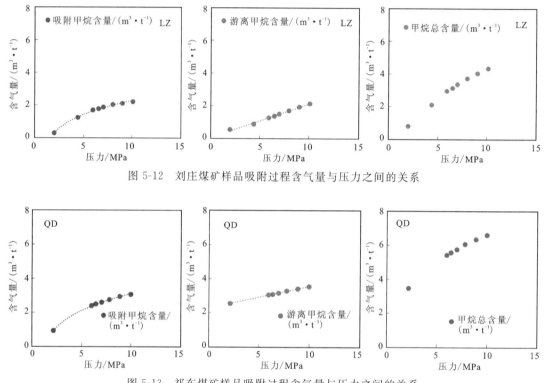

图 5-12 刘庄煤矿样品吸附过程含气量与压力之间的关系

图 5-13 祁东煤矿样品吸附过程含气量与压力之间的关系

2件样品的吸附气含量与游离气含量均呈现相同的趋势。对比可以发现,在最大压力10MPa 时,刘庄煤矿样品和祁东煤矿样品的甲烷吸附量分别为 $2.2m^3/t$ 和 $3.06m^3/t$,刘庄煤矿样品的甲烷吸附量小于祁东煤矿样品的甲烷吸附量。然而,刘庄煤矿样品和祁东煤矿样品的游离甲烷含量分别为 $2.14m^3/t$ 和 $3.53m^3/t$。从甲烷总含量看,刘庄煤矿样品和祁东煤矿样品的甲烷吸附量分别为 $4.34m^3/t$ 和 $6.56m^3/t$。由此可见,在相同的压力条件下,刘庄煤矿样品的吸附气含量较大,但祁东煤矿样品的游离气含量较大。祁东煤矿样品具有最大的总含气量。

然而,这2件样品均为柱状样品测出的,其吸附过程难以达到平衡。因此,2件样品表达的吸附气含量与总含气量较低。此外,测试所用柱状样品较大,具有较高的异质性,这使得测试结果具有可能的不确定性。

5.2.3 碎软低渗煤层 CO_2 驱替 CH_4 特征

CO_2 注入压力是影响 CO_2-ECBM 过程中煤层气采收率的关键因素,通常 CO_2 注入压力越大,甲烷解吸效率越高[136-140]。为定量评价煤样注CO_2置换CH_4过程中注入压力对置换效率的影响,在恒定实验温度50℃、围压14MPa条件,煤样6MPa甲烷吸附平衡条件基础上,进一步开展不同CO_2注入压力下置换CH_4实验。图5-14为祁东煤矿样品在不同CO_2注气压力下置换CH_4核磁共振T_2弛豫分布图。结果显示:注入CO_2后,随着气体压力的增大,吸附态甲烷核磁共振信号幅度明显减小,而游离态甲烷核磁共振信号幅度增大(图5-15)。结果表明:在CO_2-CH_4竞争吸附作用下,CO_2注入压力的增大促使更多的吸附态甲烷相变为游离态甲烷;注入压力的提高可有效提高煤层气采收率。

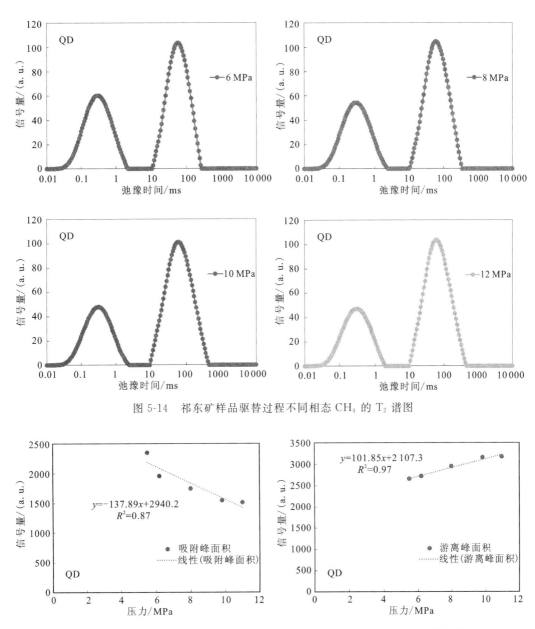

图5-14 祁东矿样品驱替过程不同相态CH_4的T_2谱图

图5-15 祁东煤矿样品驱替过程不同相态CH_4的T_2谱积分随压力变化规律

5.2.4 注 CO_2 提高煤层气采收率变化

为了研究在原位条件下注入 CO_2 后的甲烷解吸效率的定量表征,甲烷解吸效率 ω 可以被定义为

$$\omega = \frac{Q_1}{Q_2} \times 100\% \tag{5-4}$$

式中:ω 为实验过程后的甲烷解吸效率;Q_1 和 Q_2 为实验过程中 P_1 峰值的幅度。

计算出的煤样品原位解吸效率和 CO_2 驱替效率分别如图 5-16 和图 5-17 所示。

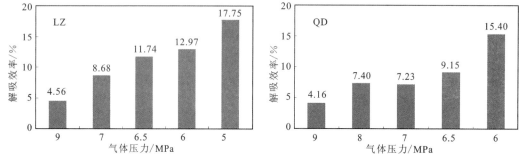

图 5-16 样品原位降压解吸效率

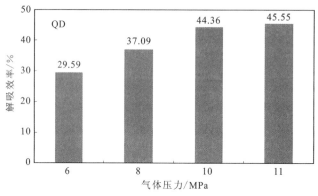

图 5-17 祁东煤矿样品注气驱替解吸效率

从图 5-16 中可以看出,刘庄煤矿样品在初始降压解吸阶段,气体压力由 10MPa 降到 9MPa 时,仅有 4.56% 的吸附态甲烷被解吸出;随气体压力不断降低,由 9MPa 至 7MPa、6.5MPa、6MPa 和 5MPa 时,降压解吸效率分别升至 8.68%、11.74%、12.97% 和 17.75%。对应地,祁东煤矿样品在初始降压解吸阶段,气体压力由起始 10MPa 降低至 9MPa(压差 1MPa),仅有 4.16% 的吸附态甲烷被解吸出,仍有大量的甲烷以吸附态的形式存在于煤微小孔或煤基质上;随着压力降低至 5.5MPa(压差约 3.5MPa),约有 15.40% 的吸附态甲烷被解吸,较 9MPa 时,解吸效率提升了约 11%。对比 2 件样品可以发现,在相同的实验条件和相同的压差值下,刘庄煤矿样品具有更高的解吸效率。

从图 5-17 中可以看出,祁东煤矿样品在初始降压解吸阶段,气体压力由起始 10MPa 降低至 9MPa(压差 1MPa),仅有 4.16% 的吸附态甲烷被解吸出,仍有大量的甲烷以吸附态的形式

存在于煤微小孔或煤基质上;随着压力降低至 5.5MPa(压差约 3.5MPa),约有 15.40% 的吸附态甲烷被解吸,较 9MPa 时,解吸效率提升了约 11%。随着第一次 CO_2 的注入,甲烷驱替解吸效率提升至约 30%,表明在自然解吸后,约 19% 吸附态甲烷被 CO_2 额外解吸转换出。值得注意的是,在第一次 6MPa 压力注入 CO_2 后,仍有超过 70% 的甲烷吸附于煤基质或微小孔表面,随着 CO_2 注入压力的提升,甲烷驱替效率最终提升至约 46%。结果表明,相对于单一的甲烷降压自然解吸,随着加压注 CO_2 的进行,甲烷解吸效果明显增加;注气压力大小对促进甲烷的解吸有重要影响。从注 CO_2 压力由 6MPa 上升至 11MPa,约有 16% 吸附态甲烷被驱替解吸成游离态甲烷。对于研究区,采用注 CO_2 措施在提高煤层气采收率方面是有效且可行的。

迄今为止,将 CO_2 注入含 CH_4 煤层的技术难点之一是注入压力的选择。通过以上实验研究发现,提高注入压力可以提高注入效率,但也会消耗更多的 CO_2。一般来说,向含 CH_4 煤层注入 CO_2 的目的主要是提高 CH_4 回收率和 CO_2 封存量[140-141]。但是各个工程领域的目标存在一些差异,由于这些差异,注入压力的选择也会有所不同。例如,如果目的只是提高 CH_4 的回收率,那么需要保证煤层中的 CH_4 被尽可能地替代。然而,如果计划储存 CO_2,则应保证更多的 CO_2 注入量。

尽管各种工程实验根据 CO_2 注入的目的选择不同的注入压力,但以最低的成本达到预期的效果对于任何工程实践来说都是最重要的。因此,工程造价可以作为指导注气压力选择的有效参数。在将 CO_2 注入煤层的过程中,成本主要包括时间成本和 CO_2 消费成本。前者主要是由于注入时间的增加,包括人工成本和材料消耗成本;而后者主要是压缩、储存和运输高压气体的费用。基于上述实验结果,不同的注入压力选择会对注气效率和 CO_2 消耗量产生巨大影响。此外,注入效率直接影响工程时间,从而影响时间成本。具体而言,气体注入压力越高,时间成本越低,CO_2 消耗成本越高。反之,压力越低,时间成本越高,CO_2 消耗成本越低。因此,时间成本与 CO_2 消耗成本之间存在竞争。但是,对于各种工程实践目的,时间成本和 CO_2 消耗成本还是有区别的。因此,对于不同的 CO_2 注入工程,如何选择合理的注入压力以最大限度地降低总经济成本是一个复杂而值得研究的科学问题。

5.3 碎软低渗煤层 CO_2-ECBM 过程的气水运移特征

CO_2-ECBM 过程模拟包括 CO_2 和 CH_4 在煤样中的吸附/解吸、运移过程,以往对 CO_2-ECBM 过程的模拟研究主要通过测试煤样两端的进气量和出气量来分析煤体中气体的吸附/解吸及运移规律[142-143],而没有对应力状态下,煤样中 CO_2 驱替 CH_4 过程进行实时、直观地观测,也没有对 CH_4、CO_2 在煤样孔裂隙中的分布状态进行实时成像研究。由于 CH_4 能够产生核磁信号而 CO_2 不能产生核磁信号,因此将核磁共振技术引入 CO_2-ECBM 的模拟研究,可以对煤样中 CO_2 驱替 CH_4 的过程进行实时观测和成像,这有助于我们对 CO_2、CH_4 在煤层中的解吸/吸附、运移及赋存分布规律有一个更深入的了解[144-146]。因为煤样比较致密,而且 CH_4 产生的核磁信号量远不如纯水,因此即使饱和 CH_4 后的煤样也不一定能够完成成像,煤样的选择至关重要,研究煤样孔隙度和孔径分布对核磁成像的影响,探索核磁成像对煤样孔隙结构的要求,对今后开展更深入的研究具有重要意义。

5.3.1 实验装置与实验过程

样品测试采用设备型号为 MacroMR12-150H-I。该设备适用于直径达 150mm 的大圆柱样品,磁场强度为 $0.3\pm0.05T$,工作频率为 12.798MHz。回波时间(T_E)为 0.35ms,等待时间(T_w)为 1500ms,回波数为 6000。设备的管道系统已预先抽真空。CO_2 和蒸馏水分别储存在储罐和中间容器中。使用了由没有铁磁性的聚合物材料制成的岩芯保持器。围压由岩芯支架系统中的氟油控制。本实验温度为 50℃,出口压力为 0.1MPa。在 MRI 测试中应用多层自旋回波测序(MSE)来揭示水含量分布。

刘庄煤矿煤样实验测试主要包括两个阶段,即饱和 CH_4 阶段和 CO_2 驱替 CH_4 阶段,考虑到一般情况下 CO_2 是以超临界状态注入深部煤层,所以在驱替实验过程中要设置合适的温压条件,因此我们将驱替实验阶段的温度设为 50℃,围压 14MPa,CO_2 进口压力 12MPa,出口压力 0.1MPa。具体试验步骤如下:①仪器校正,装入水柱进行磁场的校正,调整参数,使核磁共振仪磁场变得均匀。扫描确定样品在加压装置及核磁共振仪中位置,确定成像界面。②岩芯干燥后,然后抽真空,抽真空 2h 后,加压饱水 12h 以上。③将煤样装入非磁性三轴渗透仪,再将渗透仪装入核磁共振仪,连接各个管道,对预热装置及煤样施加 14MPa 围压,加温至 50℃并进行抽真空处理。④调节围压恒压 14MPa,以 12MPa 恒定压力持续向煤样中注入 CH_4 4h,以保证 CH_4 在煤样中充分吸附。对饱和 CH_4 的整个过程进行横向弛豫谱的采集和实时成像。⑤CH_4 注入完成后,将注入口调压阀调节至大气压,向煤体中持续注入 CO_2 气体驱替煤样中的 CH_4,对驱替 CH_4 的整个过程进行横向弛豫谱的采集和实时成像。分别在 10min、1h、2h、6h、24h、48h 和完成后 50h 进行 T_2 谱测试,并在初始饱和阶段、驱替 6h、驱替 48h 进行 MRI 成像。

祁东煤矿煤样实验过程主要分为两个阶段:①将煤样放入调和中,保持围压 14MPa、温度 50℃,抽真空使煤样转为测试初始加载状态。向煤样注入水,在各压力点至饱和,水的压力分阶段瞬间抬升至 0.1MPa、1MPa、3MPa、5MPa,在 0.1MPa 注入时的 0、5min、10min、30min、60min、90min、120min、180min、240min、360min 进行 NMR 测量和图像采集;在其他压力点(1MPa、3MPa、5MPa)注水 6h 时分别进行 1 次 NMR 测量和图像采集。②保证围压(14MPa)、温度(50℃)不变,注入 CO_2 驱替水,CO_2 初始注入压力为 6MPa,随后将 CO_2 注入压力分别调整至 8MPa、10MPa、12MPa。在 6MPa 时,在 10min、20min、30min、60min、120min、180min、240min、300min 时进行 NMR 测量和图像采集;在压力 8MPa、10MPa、12MPa,时间分别在 30min、60min、120min、180min 进行 NMR 测量和图像采集。

5.3.2 气水饱和过程的核磁共振 T_2 谱演化

低场核磁共振最为重要的用途是可在无损条件下监测储层流体(水或甲烷)内 ^1H 核的实时动态变化。因此,可以用峰信号振幅的大小代表水或甲烷质量的变化。

图5-18显示了刘庄煤矿煤样横向弛豫谱随饱和CH_4时间增加的变化规律。可以发现：①样品在等待时间内存在3个横向弛豫谱峰，分别在$T_2=0.1\sim 4ms$，$T_2=10\sim 100ms$，$T_2=100\sim 5000ms$。②3个不同等待时间的谱峰代表着具有氢信号的水和CH_4分别赋存于不同的孔隙范围，即从左到右分别为绝对束缚孔隙、部分可动孔隙和绝对可动孔隙，以其三峰分布为主要特征。③左峰在分别注入CH_4气体前和饱和CH_4气体后，其形状发生较显著变化，可以观察到明显的右漂移。右漂移的峰值随着左峰向右漂移降低，这表明在等待时间内不同尺寸孔隙中的去离子水和CH_4体积发生了显著变化。综上所述，贡献左峰的去离子水停留在相对较窄的吸附孔隙中。左峰在CH_4高压饱和前后，峰形变化，可以观察到明显的右漂移。右漂移的峰值随着左峰向右漂移先降低再升高，揭示在等待时间内不同尺寸孔隙中的CH_4和水发生的替代过程。

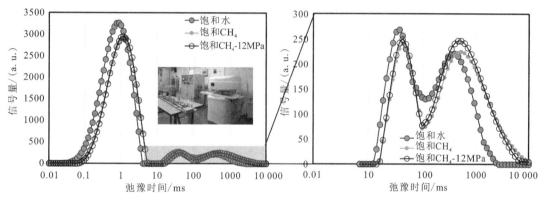

图5-18　刘庄煤矿煤样气水饱和过程T_2谱变化

图5-19显示了祁东煤矿煤样横向弛豫谱随饱和CH_4时间增加的变化规律。由煤样饱和水过程的T_2谱变化特征看，饱水过程大致可以分为3个阶段：①样品饱和水前30min内，横向弛豫谱主要表现为三峰，其中P_2峰和P_3峰的峰值较低，峰态没有出现大的变化，表明短时间内水还没有较多进入煤样内部。②在注水60~180min内，横向弛豫谱呈双峰特征，P_2和P_3峰合并，且峰值明显增大，表明水进入到渗流孔和迁移孔，且不同孔径之间具有一定的连通性。③注水时间240~1680min内（其中，960min时压力升至1MPa，1320min时压力升至3MPa，1680min时压力升至5MPa），随着围压的升高，P_1峰值变得更高，并且观察到三峰特征，表明水由游离状态向吸附状态方向移动。但因吸附孔隙较小且煤对水的容纳能力有限，P_1峰的升高幅度有限，后期时间的延长和压力的增大对更多水的注入改善作用不大。

图5-20为祁东煤矿煤样在起始压力为6MPa下注气过程气水流的T_2谱演化。它呈现出与注水过程相反的T_2谱演变。样品的3个峰值随时间延长和压力增大，均有一定程度降低，表明样品中的水被逐渐驱出。其中，变化不明显的P_1峰值表明通过增大压力为水流提供平滑路径存在巨大困难。P_2和P_3峰的剧烈波动表明注水或失水容易受到动态水压力的影响。然而，在最终状态下，样品中均还有相当多的残留水被困在不同孔径的孔隙中。

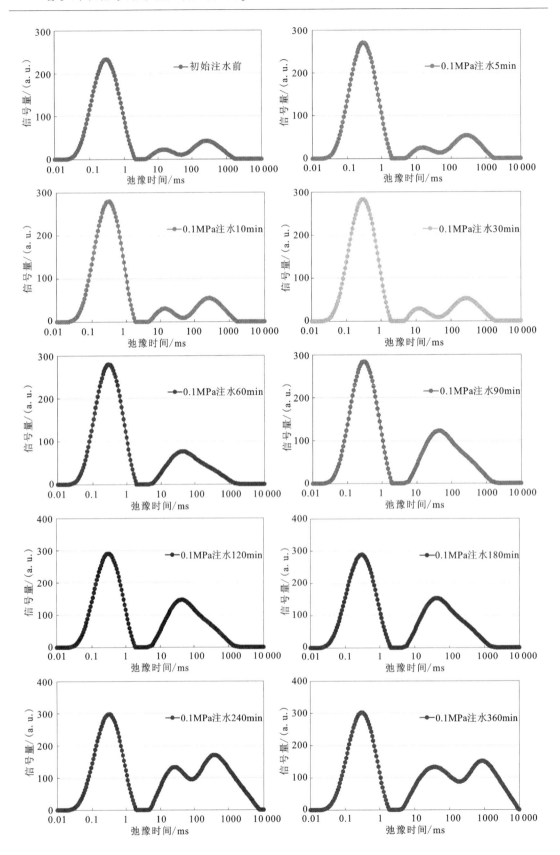

第5章 实验室尺度CO_2-ECBM流体连续过程实验模拟

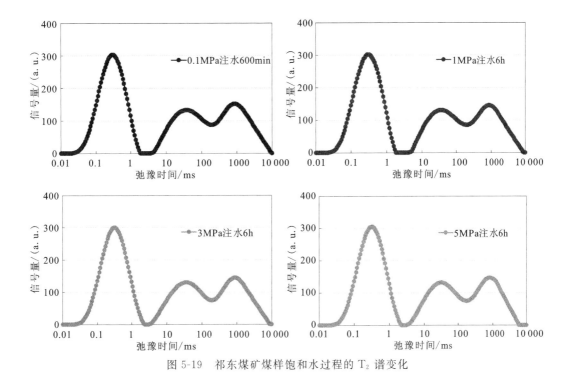

图 5-19 祁东煤矿煤样饱和水过程的 T_2 谱变化

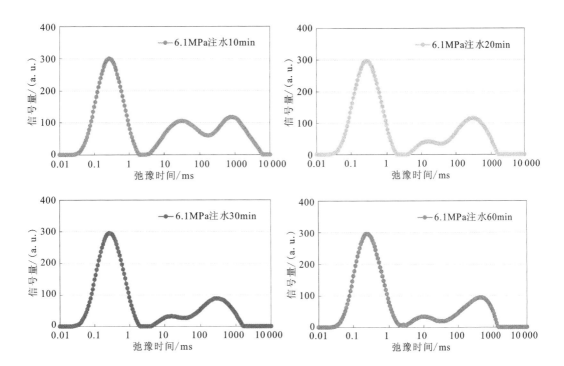

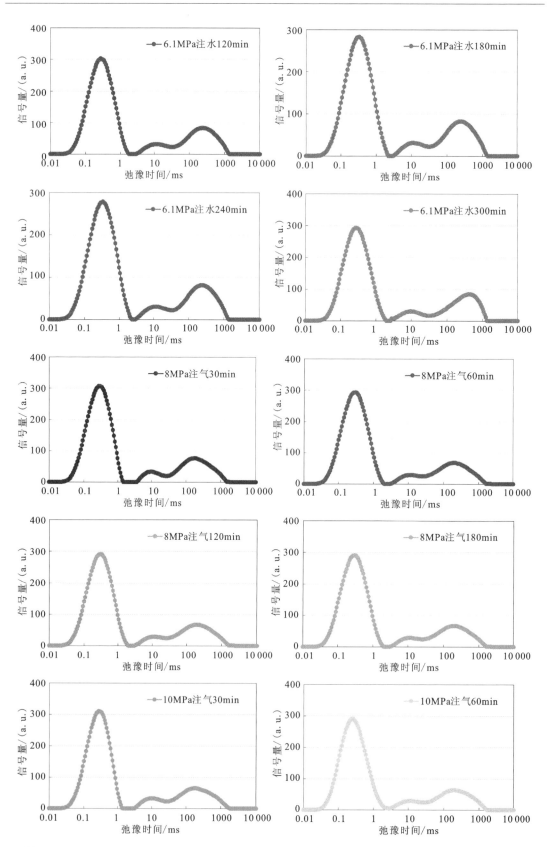

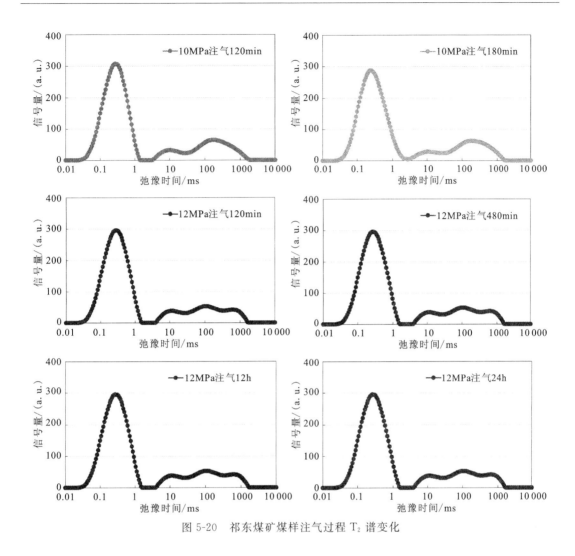

图 5-20 祁东煤矿煤样注气过程 T_2 谱变化

5.3.3 驱替过程的核磁共振 T_2 谱演化

在驱替过程实验中显现出以下特征:左峰、中峰和右峰分别注入 CH_4 气体前和饱和 CH_4 气体后,煤样在 $T_2=0.1\sim5ms$ 之间的峰值变化最为明显(图 5-21)。在饱和水后,峰值为 3 270.4a.u.;随后煤样开始吸附 CH_4,峰值降低至 2 901.7a.u.;压力增大至 12MPa 饱和,峰值略有变化,升高至 2 948.7a.u.。结果表明,样品饱和水时,信号量较高,全部为水的信号量;CH_4 进入后,水被部分驱出,但增加了少量 CH_4,信号量仍主要为水的信号量,但信号量减小,代表了水的减少和气的增加;当 CH_4 驱替进入饱和后,煤样中分布了水和 CH_4,增加的 CH_4 含量提高了其氢信号值,这与煤样中的氢信号反应变化相吻合。

煤样 T_2 图谱在 10ms 之后的两个峰值变化始终不显著。因刘庄煤矿煤样为构造煤,结构比较破碎,微小孔最为发育,其吸附表面积较大,构成甲烷吸附的主要场所,而甲烷在中大孔及裂隙中吸附量并不多。^1H 峰值没有发生明显漂移,暗示基质内部流体没有发生明显运移;^1H 峰值均有一定程度降低,揭示流体交换过程。

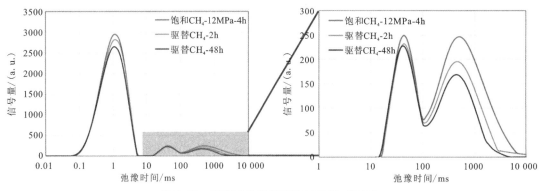

图 5-21 刘庄煤矿煤样驱替过程 T_2 谱变化

从祁东煤矿煤样注水与气驱过程中的核磁信号量变化可以看出(图 5-22),在常压注水过程中随注入时间的延长(0~240min),长弛豫信号量与总信号时均呈阶梯式增加趋势,240min以后,信号量基本保持不变,表明随注入时间的增加,水很难再注入煤体内部。此外,短弛豫信号量的变化,表明水很难进入吸附孔隙。注气过程开始后,总信号量与长弛豫信号量在初始阶段呈现快速下降趋势,表明非吸附孔中的水被快速驱出,而后信号量下降均不明显,表明驱替后期驱出水较少,且其贡献主要是长弛豫信号量指示的渗流孔和迁移孔。

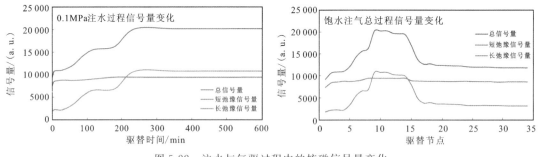

图 5-22 注水与气驱过程中的核磁信号量变化

综上所述,通过核磁 T_2 谱发现:①水饱和后信号量降低,CH_4 可以部分替换 H_2O 分子;②高压 CH_4 注入后吸附峰和渗流峰变化不明显,运移峰少许增加,说明仅凭增加注入压力,CH_4 的增加仍然存在障碍;③CO_2 注入后,运移峰信号量在2h时下降明显,吸附峰含量在24h下降明显,说明 CO_2 由运移孔逐渐进入吸附孔。

5.3.4 驱替过程的核磁共振成像 1D-2D 描述

刘庄煤矿煤样流体流动的 1D-2D 可视化图像如图 5-23 所示。

刘庄煤矿煤样中,存在连通的水分集中区,也存在许多孤立的水岛。^1H 信号的 2D 分布表明水的 2D 分布和煤的均质程度并不理想。样品轴向两端存在扰动水的集中区,可以不考虑样品两端信号的异常偏高。将轴向 25.6mm 和径向 12.44mm 处的 ^1H 信号分别投影到平面上。1D 水信号在两个正交方向的均匀化分布程度并不具有较好的匹配性,水在整体 2D 分布并不均匀。这些结果证明对驱替过程的气水流动的合理解释需要详细的孔径分布数据。

第 5 章　实验室尺度 CO_2-ECBM 流体连续过程实验模拟

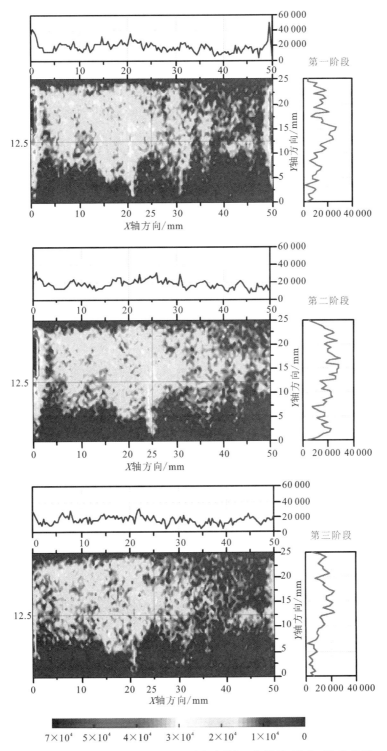

图 5-23　刘庄煤矿煤样 CO_2-ECBM 过程中的 ^1H 信号的 2D 和 1D 分布图

进一步分析发现：驱替过程含量 ^{1}H 信号聚积程度呈小幅下降，气水分布没有明显界面，与基质孔隙分布状态有关。样品较为致密，不存在优势通道和明显的指进现象；尽管 CO_2 驱替出了部分煤样中水分，但煤中仍然有大量残余水及可能的少量 CH_4。

图 5-24 显示了祁东煤矿煤样中的水分布的演变。第一阶段为样品注水阶段，第二阶段为样品气驱阶段。在初始注水时，煤基质中显示具有少量不均匀的水分布以及不均匀的孔隙分布。随后，随时间延长，水开始进入。过程中显示了集中式水域，呈孤立水岛状分布，表明水通过煤中的细微裂隙进入而保留。在时间不断增加和压力变大的过程中，样品内部赋存水分逐渐增多但后期变化不明显，仍然呈片状分布，表明后期压力增大对水的增加没有明显影响。

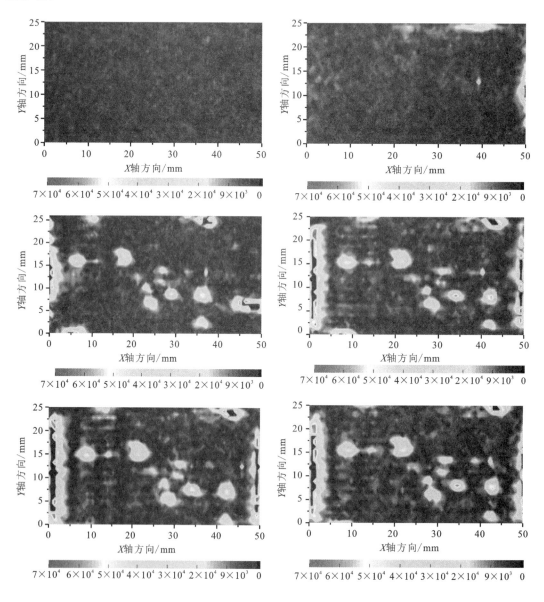

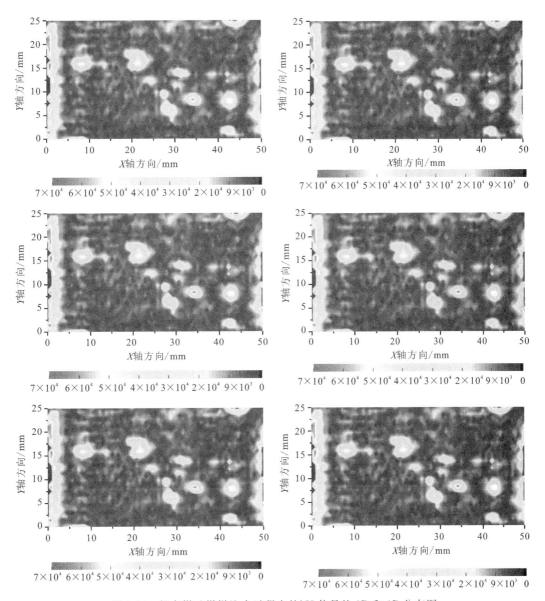

图 5-24 祁东煤矿煤样注水过程中的 ^1H 信号的 2D 和 1D 分布图

在气驱阶段,煤样内部的孤岛式水体在初始阶段即被分散,呈弥散状,且在部分区域重新形成较强的水信号覆盖区。随时间延长,煤中水被较多驱出。可以看出,在该阶段,水信号似乎形成了一定的连续通道,且随时间延长和压力增大,信号逐渐减弱,反映了水逐渐被驱出的过程。最终,绝大部分水被驱出,煤体内部呈现出较强的 ^1H 信号强度(图 5-25)。

驱替过程中煤样在轴向和径向方向的 ^1H 信号累计量分布如图 5-26 所示。从第一阶段至第二阶段,轴向含量累计量变化不明显,但径向信号量有降低;至第三阶段,轴向和径向信号量均有明显降低。

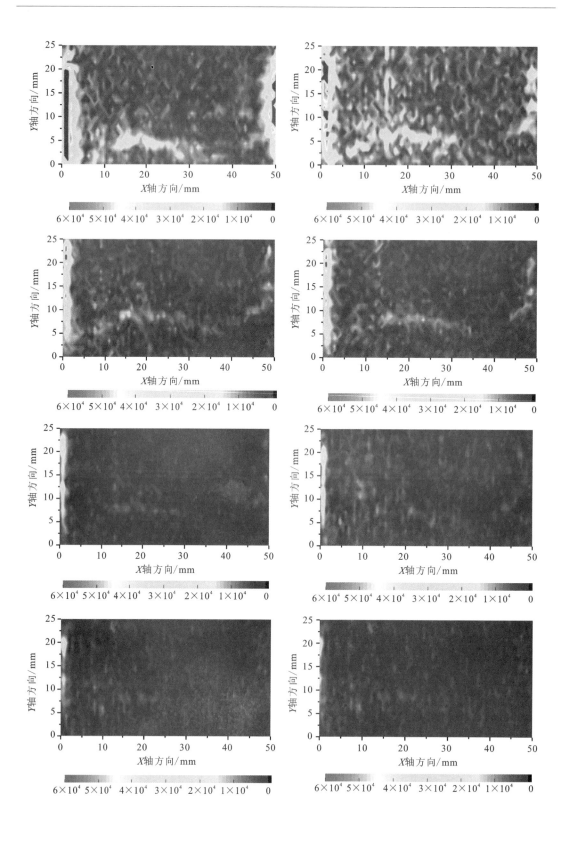

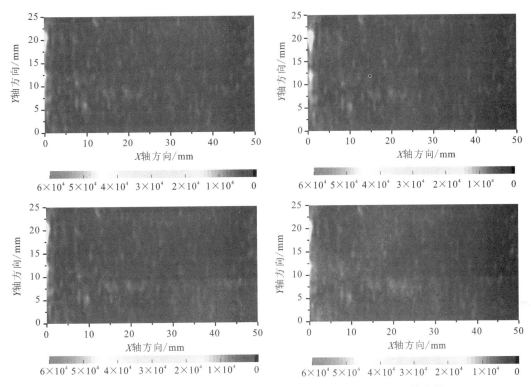

图 5-25　祁东煤矿煤样注气驱替过程中的 ^1H 信号的 2D 和 1D 分布图

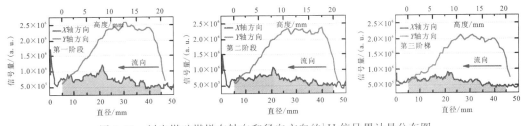

图 5-26　刘庄煤矿煤样在轴向和径向方向的 ^1H 信号累计量分布图

为此,进一步开展了对刘庄煤矿煤样在轴向和径向方向的 ^1H 信号累计增量变化对比。在轴向上,与饱和水 ^1H 信号进行对比,第一阶段信号量变化在 $-11.74\% \sim 21.06\%$ 之间,平均为 4.77%,但该阶段样品部分位置信号增量百分比为负值,表明驱替过程中 ^1H 信号的局部升高;第二阶段信号量变化在 $-3.64\% \sim 29.98\%$ 之间,平均为 13.01%。第二阶段与第一阶段信号增量百分比差值为 $0.23\% \sim 31.12\%$,平均为 8.94%,在第二阶段信号幅度下降较第一阶段更大(图 5-27)。

在纵向上,与饱和水 ^1H 信号进行对比,第一阶段信号量变化在 $0.77\% \sim 12.14\%$ 之间,平均为 6.21%;第二阶段信号量变化在 $2.94\% \sim 25.68\%$ 之间,平均为 16.24%。该阶段样品部分位置信号增量百分比均为正值,表明径向方向驱替过程中 ^1H 信号总量均在下降。

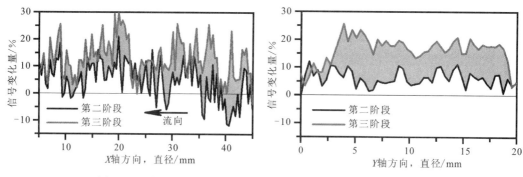

图 5-27 刘庄矿煤样在轴向和径向方向的 ^{1}H 信号累计增量变化图

5.3.5 驱替过程的核磁共振成像 3D 描述

MRI 图可以反映的最小水侵入孔隙半径约为 100nm。基于核磁共振成像技术,可实现气-水流的可视化。图 5-28 展示了刘庄煤矿煤样 CO_2-ECBM 过程流体的三维可视化过程。其中,蓝色(冷色)区域表示背景底色,亮色(暖色)小点代表煤样内部孔隙所含具有氢信号的水或 CH_4。颜色的变化代表了氢信号量分布的演化。像素点亮度越大,表示具有氢信号的水或 CH_4 聚积程度越大,即该处存在大量水分和(或)CH_4。定义 X 轴方向为样品驱替轴向,X 轴为样品径向。第一阶段显示不均匀的水分布以及不均匀的孔隙分布性(颜色越亮越红,孔隙越大越多);在第二个阶段施加 CO_2 驱替压力后,暖色信号强度变弱,且峰值信号左移,表明 CO_2 已逐渐进入煤中;在第三个阶段驱替结束后,信号变化较强,表明随驱替时间的延长,CO_2 置换与存储的过程效率变低,大部分水仍然残留在煤中。

由图 5-28 可知,驱替过程不同时间段的成像分布与孔隙分布具有明显的一致性,表明气水基于连通的孔裂隙空间持续运移。在煤样初始饱和 CH_4 状态时,长弛豫时间段(100~10 000ms)信号强度高于驱替 CH_4 阶段和驱替完成阶段。由成像信息图件可知,相对应的核磁共振成像中,该阶段含水和 CH_4 信息成像表现明显,亮点散布与前述孔隙成像分布基本一致,说明孔隙中充满水和(或)CH_4。驱替过程中,在样品气驱入口端亮点散布较前图较弱,揭示该处水分被较多 CH_4 取代致使信号减弱,中部和右端可能仍然含有大量水分,以水分的氢信号分布为主。

图 5-29 展示了祁东煤矿煤样 CO_2-ECBM 过程流体的三维可视化过程。由图可以看出,在注水初始阶段,^{1}H 信号显著增强,并主要分布在注水端。随时间增加,^{1}H 信号在煤样整体范围内均有分布,但呈孤岛状;对于出口端,^{1}H 信号开始显现并大幅度增加。后续阶段,^{1}H 信号幅度与范围增加有限,反映注水过程开始进入饱和状态,^{1}H 信号仅显示微小变化,表明水开始进入煤基质微小孔隙。

在注气初始阶段,^{1}H 信号即开始在大面积内降低,仅在样品一侧位置保留一定强度的 ^{1}H 信号,并具有带状分布趋势。随时间延长,^{1}H 信号幅度逐渐减弱,但带状分布仍然可见,

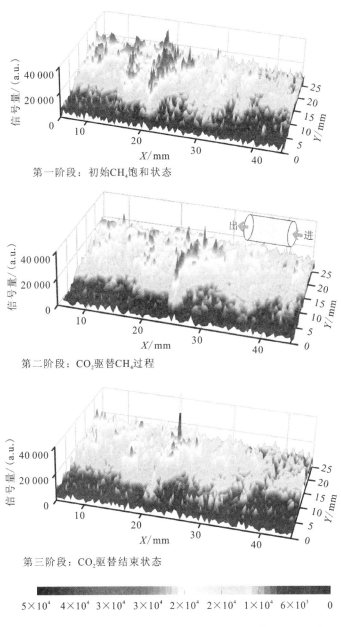

图 5-28 刘庄煤矿煤样 CO_2-ECBM 过程中的流体三维可视化

表明在该处具有可能的运移通道。^{1}H 信号幅度的逐渐减弱,表明水逐渐被驱出,煤内部开始饱和 CO_2;进一步可见,随时间和压力增加,^{1}H 信号减弱至最低状态,变化不显著,表明煤内部可动水绝大部分已经从煤中被驱出。也暗示着,随压力的增高,煤内部的少量残留水驱出的难度较大(图 5-30)。

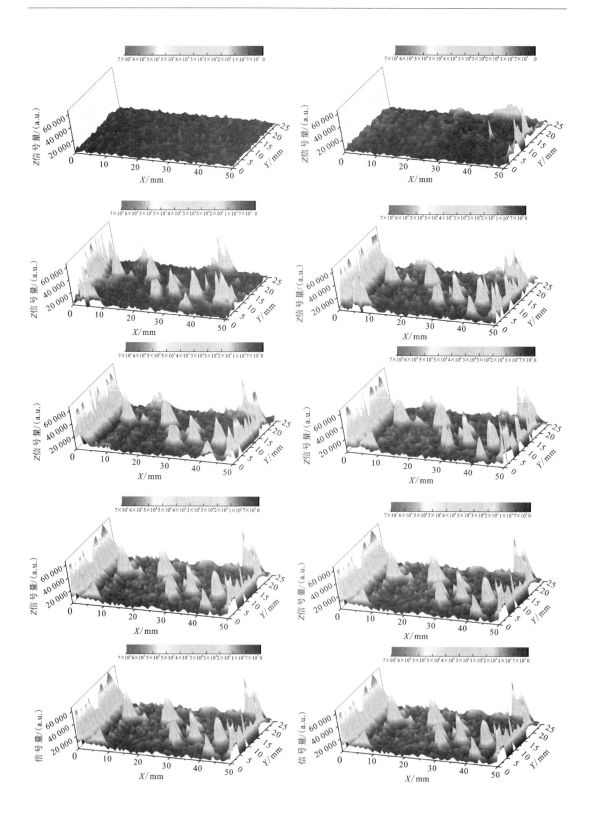

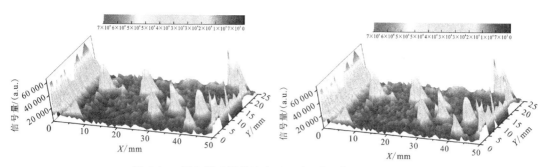

图 5-29 祁东煤矿煤样注水过程中的 ^1H 信号的 3D 分布

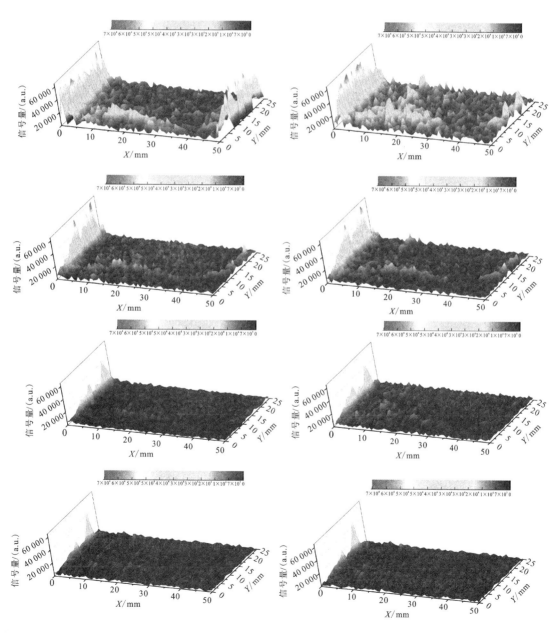

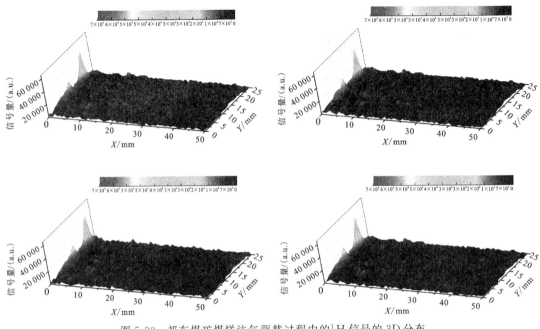

图 5-30 祁东煤矿煤样注气驱替过程中的 ^{1}H 信号的 3D 分布

煤样渗流通道演化规律受煤样孔隙结构的均质程度影响[147];当煤样孔隙连通性较差,不存在明显的优势渗流通道,提高流体压力可以使更多的孔隙参与到渗流过程;如孔隙连续性较好,形成优势渗流通道时,提高流体压力很难使更多的孔隙参与到渗注的过程中。

5.3.6 CO_2-ECBM 过程的驱替效率分析

在多相流中,流体饱和度是该流体占据的孔隙空间的分数[148](对于只有一种流体的单相流,流体饱和度等于1)。岩芯的 NMR 信号反映的是岩芯中含氢流体的体积,因此非饱和岩芯与饱和岩芯的 NMR 信号比值就是岩芯含氢流体饱和度,也可通过 MRI 图像的明暗变化得到局部的饱和度变化。通过 CO_2 驱替实验使岩芯达到残余饱和状态,其 NMR 信号就对应了岩芯的残余饱和度,此时的 T_2 谱显示了残余流体在不同孔隙中的分布,与之互补的信号幅值和分布就对应了岩芯中的可动流体分布。

CO_2 不发射 ^{1}H MR 信号,因此 MR 信号强度反映了当地的含水饱和度。以前的工作已经证实,来自任何局部位置的 MR 信号强度与水含量成正比。根据 MR 强度图像,水的饱和度可以通过下式计算:

$$S_w = \frac{I_i}{I_0} S_0 \tag{5-5}$$

式中:S_0 为注入 CO_2 之前的初始水饱和度,取值为1;I_i 为时间 i 时的 MR 信号强度;I_0 为初始 MR 信号强度。

CO_2 饱和度可以定义如下:

$$S_g = 1 - S_w \tag{5-6}$$

CO_2 驱替效率可以使用下式估算：

$$E = \left(1 - \frac{S_{wt}}{S_0}\right) \times 100\% \quad (5-7)$$

式中：E 为驱替效率；S_{wt} 为驱替结束时的最终残余水饱和度。

图 5-31 展示的刘庄煤矿煤样不同阶段轴向信号量对比变化。从图中可以看出，随驱替过程演化，不同轴向位置的信号量均有不同程度降低。CO_2 饱和度在驱替第二阶段和第三阶段最大值分别达到 21.06% 和 29.98%，平均为 5.97% 和 13.05%，即在驱替结束时，驱替效率在 13.05%~29.98% 之间，平均为 13.05%。

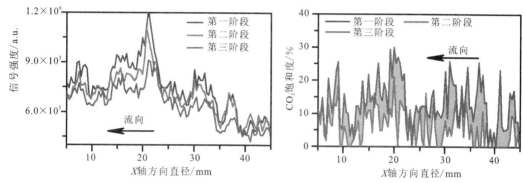

图 5-31 刘庄煤矿煤样驱替过程中 ^{1}H 信号与 CO_2 饱和度沿轴向分布

为计算 CO_2 饱和度随注入时间的变化，假设样品在 CO_2 注入前的含 ^{1}H 流体饱和度取值为 1，则由 T_2 谱幅度的面积变化可以计算出 CO_2 进入岩芯的饱和度如下：

$$S_g = \left(1 - \frac{S_i}{S_0}\right) \times 100\% \quad (5-8)$$

式中：S_i 为在驱替时间 i 时的 T_2 谱面积；S_0 为在流动之前 T_2 谱的面积。

从图 5-32 中样品信号变化规律看，驱替过程中，^{1}H 峰值随时间增加而不断减小，CO_2 饱和度不断增大。在初始 6h 内，CO_2 饱和度快速增大至 10.76%；在后续的 42h 内，饱和度增大的幅度很小，仅上升了 0.88%。

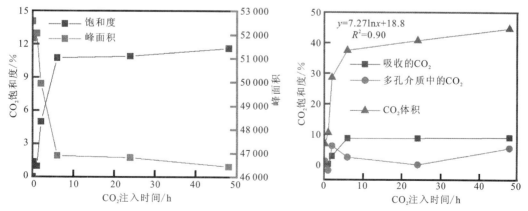

图 5-32 刘庄煤矿煤样驱替过程中 ^{1}H 峰面积与 CO_2 饱和度变化

从 T_2 谱分布的 3 个峰值来看,分布在 0.01~10ms 范围内,代表微孔和过渡孔中吸附的气体;分布在 10~100ms 范围内,代表了介孔和大孔中的气体;分布在 100~10 000ms 范围内,代表了微裂缝中的气体。分布在不同孔裂隙空间的 CO_2 饱和度随时间变化呈现出不同的特征:微裂缝中的 CH_4 饱和度在不同孔裂隙空间内最高,其随时间延长呈对数形式增加,驱替时间由 1h 变化至 6h 后,CO_2 饱和度由 10.49% 迅速增大到 37.56%;介孔和大孔中的 CH_4,在驱替过程中饱和度呈现小幅度的波动;微孔和过渡孔中吸附的 CH_4 在驱替开始的近 1h 内,饱和度几乎没有发生大的变化,在随后的 4h 内,饱和度由 2.77% 快速增大至 8.68%,在 42h 时间内,其幅度几乎没有变化。

可以看出,微裂缝中的流体可以快速流动,CO_2 饱和度最高;介孔和大孔中的流体流动速率较低,CO_2 饱和度居中;吸附态气体的饱和度最低。吸附在微孔和过渡孔中的 CH_4 在正常情况下要先通过中孔和大孔,再通过裂缝产生[149]。只有当限制在多孔介质中的甲烷的压力和浓度降低到一定程度时,吸附的 CH_4 才能扩散和流动。当它向外移动时,大量 CH_4 开始流动,随后 CH_4 被限制在多孔介质中。当封闭在多孔介质中的大部分 CH_4 已经产生时,CH_4 浓度降低,微孔/过渡孔与中孔/大孔之间的 CH_4 浓度差异增大。因此,吸附的 CH_4 开始流动。

上述结果可以表明,注入 CO_2 可以提高 CH_4 产量,其打破了煤基质内部流体平衡,实现了 CH_4 排出[150]。当加压 CO_2 在煤储层中流动时,游离 CH_4 根据达西定律与水、CO_2 混合并向迁移。CO_2 的注入可以大大提高裂缝中自由水的排出效率,但对孔隙中的吸附水效果不佳。N_2 从孔隙流向狭缝/孔径大的裂缝,然后流入窄缝/孔径的裂缝,在此过程中,毛细作用力为阻力。随着裂缝/孔隙孔径宽度逐渐减小,阻力变大,一定注入压力下的 CO_2 无法克服毛细作用力置换水,由于孔隙孔径小,吸附水需要更大的注入压力才能流动。从前述孔隙分析看,刘庄煤矿煤样具有较大的排驱压力和较小的最大连通半径,其 N_2 吸附曲线显示具有瓶颈状孔隙和较差的连通性;如果水不能从孔喉通过,则 CO_2 不能置换水,水很难向外流动。

煤样 CH_4 渗透率随着孔隙压力的增加而呈现上升趋势,但随着轴压的增大,煤样 CH_4 渗透率随孔隙压力增加的增幅变小。轴压对煤样 CH_4 渗透性的影响要远远大于孔隙压力对煤样 CH_4 渗透性的影响。煤岩 CH_4 的渗透率随温度的升高整体呈现下降趋势。基于柱状煤样核磁共振技术测试的吸附解吸和 CO_2 驱替过程表明,CO_2 压力的自然降低会使 CH_4 解吸率逐步提高。

综上所述,基于轴压、围压、温压等条件,实现了煤储层渗透性特征的分析,并基于此实现了煤储层 CH_4 吸附及 CO_2 驱替特征的探讨;基于核磁共振实验的 T_2 谱分析、1D—3D 成像分析,实现了碎软煤层 CO_2-ECBM 过程的气水运移特征分析。基于此,实现了实验室尺度 CO_2-ECBM 流体连续过程的实验模拟,以期为后续工程尺度 CO_2-ECBM 流体连续过程数值模拟提供基础参数及边界条件等地质背景数据支撑。

第 6 章 工程尺度 CO_2-ECBM 过程数值模拟

本章以两淮煤田碎软低渗煤层为研究对象,综合考虑了温度效应、有效应力效应、二元气体竞争吸附效应、气水两相流等,建立了 CO_2-ECBM 过程中的流体场-温度场-应力场-化学场等多物理场全耦合数学模型,并进行了有限元法的多物理场耦合求解;利用历史实验数据验证了该模型的有效性,并将其应用于 CO_2 现场提高采收率的参数分析;研究了注气压力、注气温度及初始渗透率对 CO_2-ECBM 工艺的影响;探讨了 CO_2-ECBM 过程中储层渗透率的演化内涵,基于此提出了 CO_2 地质封存的指导意见;剖析了化学场在 CO_2-ECBM 过程中的反应机理内涵;进一步构建了 CO_2-ECBM 工程推广的有效性估计体系。本研究对提高煤层气采收率、增强 CO_2 封存能力具有重要的理论与实践意义。

6.1 多物理场全耦合数学模型

6.1.1 基本假设

CO_2-ECBM 过程主要涉及流体场-温度场-应力场-化学场等多物理场全耦合现象。流体场和化学场主要涉及二元气体的竞争吸附/解吸及气-水两相流。当 CO_2 注入煤储层后,煤储层气相(二元气体)、液相与固相(煤骨架)之间会发生传热现象,继而影响温度场。流体场、温度场及化学场的变化会引起煤体变形,继而会影响孔隙度与渗透率,最终影响 CH_4 的产出速率及 CO_2 的封存量等。

CO_2-ECBM 过程控制模型应包括二元气体传输、煤变形、热传导和对流等全耦合控制方程,该数学模型的推导应建立在如下基本假设之上[125,151-153]:①煤储层为各向同性的双孔隙(基质孔隙及微裂隙)弹性介质;②孔隙及裂隙内均存在 CH_4 的流动与运移,水仅运移于裂隙内,且裂隙被 CH_4 与水完全饱和;③干气体符合理想气体定律,溶解气体符合亨利定律;④CH_4 的运移与孔隙结构密切相关,由基质扩散于裂隙的过程遵循菲克定律,自裂隙运移至抽采井附近遵循达西定律,CO_2 的运移过程正好与此相反;⑤CH_4 和 CO_2 在煤基质中的竞争吸附符合修正的 Langmuir 方程;⑥煤体变形符合小变形假设,气体吸附/解吸及压力变化会引起煤储层体积应变发生变化。

6.1.2 流体场及化学场控制方程

赋存于煤储层内的二元气体均为理想气体,且气体密度及压力满足如下基本关系[124,154-155]：

$$P_{gi} = \rho_{gi}RT/M_{gi} \quad (6\text{-}1)$$

式中：下标 i 为气体类型，$i=1$ 代表 CH_4，$i=2$ 代表 CO_2；P_{gi} 为气体组分 i 的压力，MPa；ρ_{gi} 为气体组分 i 的密度，kg/m^3；R 为气体摩尔常数，$J/(mol·K)$；T 为气体温度，K；M_{gi} 为气体组分 i 的摩尔质量，g/mol。

单位体积煤基质内，其气体含量主要由游离含量及吸附含量组成，可示意如下[124,156]：

$$m_{mgi} = \varphi_m \rho_{gi} + V_{sgi}\rho_c \rho_{gsi} \quad (6\text{-}2)$$

式中：m_{mgi} 为单位体积煤基质内的气体含量，m^3/kg；φ_m 为煤基质孔隙度；ρ_c 为煤体骨架的密度，kg/m^3；ρ_{gsi} 为标况下气体组分 i 的密度，kg/m^3；V_{sgi} 为煤储层内所吸附的气体含量，m^3/kg，可用修正的 Langmuir 体积方程进行表征[124,158]：

$$V_{sgi} = \frac{V_{Li}P_{mgi}/P_{Li}}{1+\sum_{i=1}^{2}P_{mgi}/P_{Li}}\exp\left[-\frac{d_2}{1+d_1\sum_{i=1}^{2}P_{mgi}}(T-T_t)\right] \quad (6\text{-}3)$$

式中：V_{Li} 为气体组分 i 的 Langmuir 体积常数，m^3/kg；P_{mgi} 为基质内气体组分 i 的压力，Pa；P_{Li} 为气体组分 i 的 Langmuir 压力常数，Pa；d_2 为温度系数，K^{-1}；d_1 为压力系数，Pa^{-1}；P_L 为 Langmuir 压力常数，Pa；T_t 为煤储层吸附/解吸实验的参考温度，K。

二元气体在煤基质内的运移以扩散为主。初始状态下，煤储层内的二元气体处于动态平衡状态中。当 CO_2 注入煤储层内，吸附的 CH_4 在浓度梯度的作用下解吸，并从煤基质向裂隙扩散；注入的 CO_2 气体反向从裂隙扩散到基质孔隙，并吸附到孔隙表面。根据菲克定律，煤基质内二元气体的质量传递可表征如下[124,159]：

$$Q_{st} = -\frac{3\pi^2 D_i}{L^2}\frac{M_{gi}}{RT}(P_{mgi}-P_{fgi}) = -\frac{1}{\tau_i}\frac{M_{gi}}{RT}(P_{mgi}-P_{fgi}) \quad (6\text{-}4)$$

式中：D_i 为气体组分 i 的扩散系数，m^2/s；L 为割理宽度，m；P_{fgi} 为裂隙内气体组分 i 的压力，Pa；τ_i 为在基质与裂隙间扩散的过程中，气体组分 i 解吸总吸附气体的 63.2% 所需的时间，s。

综合上述式(6-1)～式(6-4)，煤基质内的二元气体运移满足如下质量守恒定律[156]：

$$\frac{\partial m_{mgi}}{\partial t} = -\frac{1}{\tau_i}\frac{M_{gi}}{RT}(P_{mgi}-P_{fgi}) \quad (6\text{-}5)$$

即

$$\frac{\partial}{\partial t}\underbrace{\left\{\frac{V_{Li}P_{mgi}/P_{Li}}{1+\sum_{i=1}^{2}P_{mgi}/P_{Li}}\exp\left(-\frac{d_2}{1+d_1\sum_{i=1}^{2}P_{mgi}}(T-T_t)\right)\rho_c\frac{M_{gi}}{RT_s}P_{gsi}\right.}_{\text{Adsorbed-gas-in-matrix}} + \underbrace{\varphi_m\frac{M_{gi}}{RT}P_{mgi}}_{\text{Free-gas-in-pores-within-matrix}}$$

$$= \underbrace{-\frac{1}{\tau_i}\frac{M_{gi}}{RT}(P_{mgi}-P_{fgi})}_{\text{Gas-to-(or from)-fracture}} \quad (6\text{-}6)$$

微裂隙内，气/水混合物主要呈两相流运移。CH_4 于煤基质中的解吸为微裂隙中 CH_4 气体运移提供了质量源；CO_2 气体于微裂隙中的运移为 CO_2 于煤基质中的吸附提供了质量源。因此，微裂隙内气/水两相运移满足如下质量守恒方程[156,159]：

$$\begin{cases} \underbrace{\dfrac{\partial(S_w\varphi_f\rho_{fgi})}{\partial t}+\nabla\cdot(\rho_{fgi}q_{gi})}_{\text{Gas-phase-in-fracture}}+\underbrace{\dfrac{\partial(S_w\varphi_f\rho_{fgdi})}{\partial t}+\nabla\cdot(\rho_{fgdi}q_w)}_{\text{Dissolved-gas-in-water-phase-in-fracture}}=\underbrace{\dfrac{1}{\tau_i}\dfrac{M_{gi}}{RT}(P_{mgi}-P_{fgi})}_{\text{Gas-to-(or from)-matrix}} \\ \underbrace{\dfrac{\partial(S_w\varphi_f\rho_w)}{\partial t}+\nabla\cdot(\rho_{fw}q_w)}_{\text{Water-phase-in-fracture}}+\underbrace{\dfrac{\partial(S_g\varphi_f\rho_{fv})}{\partial t}+\nabla\cdot(\rho_{fv}\sum_{i=1}^{2}q_{gi})}_{\text{Water-vapour-in-gas-phase-in-fracture}}=0 \end{cases} \quad (6\text{-}7)$$

式中:S_w 为水相饱和度;S_g 为气相饱和度,且 $S_w+S_g=1$;φ_f 为煤裂隙孔隙度;q_{gi} 为裂隙内气体组分 i 的运移速度,m/s;q_w 为裂隙内水相运移速度,m/s;ρ_w 为水相密度,kg/m³;ρ_{fgi} 为裂隙内气体组分 i 的密度,kg/m³;t 为时间,s。

亨利定律假设溶解气体与干气体之间存在动态热平衡,由亨利定律可得溶解气体的密度为[156,159]

$$\rho_{fgdi}=H_{gi}\rho_{fgdi} \quad (6\text{-}8)$$

式中:H_{gi} 为气体组分 i 的亨利系数。

假定蒸汽水与液态水处于平衡状态。根据开尔文拉普拉斯定律,蒸汽水密度可表征如下:

$$\rho_{fv}=\rho_{fv0}h=\rho_{fv0}\exp(\dfrac{P_{cgw}}{\rho_w R_v T}) \quad (6\text{-}9)$$

式中:ρ_{fv0} 为饱和蒸汽的密度,kg/m³;h 为相对湿度;R_v 为水蒸气的潜热,J/(K·kg);P_{cgw} 为毛细管压力,Pa,可进一步表征如下:

$$P_{cgw}=P_{fg}-P_{fw} \quad (6\text{-}10)$$

式中:P_{fg} 为裂隙内的气相压力,Pa;P_{fw} 为裂隙内的水相压力,Pa。

CO_2-ECBM 过程中所涉及的流体运移主要为气/水两相流。考虑多孔介质内的 klinkenberg 效应,裂隙中气相与水相的流动速度可由广义达西定律进行表征[156,159]:

$$\begin{cases} q_{gi}=-\dfrac{kk_{rg}}{\mu_{gi}}\left(1+\dfrac{b_k}{P_{fgi}}\right)\nabla P_{fgi} \\ q_w=-\dfrac{kk_{rw}}{\mu_w}\nabla P_{fw} \end{cases} \quad (6\text{-}11)$$

式中:k 为煤储层的绝对渗透率,m²;k_{rw} 为水相相对渗透率;k_{rg} 为气相相对渗透率;μ_w 为水相动力黏度,Pa·s;μ_{gi} 为气体组分 i 的动力黏度,Pa·s;b_k 为克林肯伯格因子。

煤储层内气相与液相的相对渗透率在很大程度上取决于其自身的现存和残余组分含量,可表征如下[160-161]:

$$\begin{cases} k_{rg}=k_{rg0}\left[1-\left(\dfrac{S_w-S_{wr}}{1-S_{wr}-S_{gr}}\right)\right]^2\left[1-\left(\dfrac{S_w-S_{wr}}{1-S_{wr}}\right)^2\right] \\ k_{rw}=k_{rw0}\left(\dfrac{S_w-S_{wr}}{1-S_{wr}}\right)^4 \end{cases} \quad (6\text{-}12)$$

式中:S_{wr} 为残存水饱和度;S_{gr} 为残余气饱和度;k_{rg0} 和 k_{rw0} 分别为气相和液相的端点相对渗透率。

综上,将式(6-8)~式(6-12)代入式(6-7),可得到微裂隙内气/水两相运移的控制方程,表征如下：

$$\begin{cases} \underbrace{\dfrac{\partial[(1-S_\mathrm{w})\varphi_\mathrm{f}\rho_{\mathrm{f}gi}]}{\partial t} + \nabla\cdot\left[-\dfrac{\rho_{\mathrm{f}gi}kk_\mathrm{rg}}{\mu_{gi}}\left(1+\dfrac{b_\mathrm{k}}{P_{\mathrm{f}gi}}\right)\nabla\rho_{\mathrm{f}gi}\right]}_{\text{Gas-phase-in-fracture}} + \\ \underbrace{\dfrac{\partial(S_\mathrm{w}\varphi_\mathrm{f}H_{gi}\rho_{\mathrm{f}gi})}{\partial t} + \nabla\cdot\left(-\dfrac{H_{gi}\rho_{\mathrm{f}gi}kk_\mathrm{rw}}{\mu_\mathrm{w}}\nabla\rho_\mathrm{fw}\right)}_{\text{Dissolved-gas-in-water-phase-in-fracture}} = \underbrace{\dfrac{1}{\tau_i}\dfrac{M_{gi}}{RT}(P_{\mathrm{m}gi}-P_{\mathrm{f}gi})}_{\text{Gas-to-(or from)-matrix}} \\ \underbrace{\dfrac{\partial(S_\mathrm{w}\varphi_\mathrm{f}\rho_\mathrm{w})}{\partial t} + \nabla\cdot\left(-\dfrac{\rho_\mathrm{w}kk_\mathrm{rw}}{\mu_\mathrm{w}}\nabla\rho_\mathrm{fw}\right)}_{\text{Water-phase-in-fracture}} + \\ \underbrace{\dfrac{\partial}{\partial t}\left[(1-S_\mathrm{w})\varphi_\mathrm{f}\rho_{\mathrm{fv}0}\exp\left(\dfrac{P_{\mathrm{cg}w}}{\rho_\mathrm{w}R_\mathrm{v}T}\right)\right] + \nabla\cdot\left[-\rho_{\mathrm{fv}0}\exp\left(\dfrac{P_{\mathrm{cg}w}}{\rho_\mathrm{w}R_\mathrm{v}T}\right)\sum_{i=1}^{2}\dfrac{kk_\mathrm{rg}}{\mu_{gi}}\left(1+\dfrac{b_\mathrm{k}}{P_{\mathrm{f}gi}}\right)\nabla P_{\mathrm{f}gi}\right] = 0}_{\text{Water-vapour-in-gas-phase-in-fracture}} \end{cases}$$

(6-13)

6.1.3 应力场控制方程

通过分析煤储层所受的应力-应变环境,如热交换-转移所引起的膨胀/收缩应变、孔隙及裂隙系统内储层压力所引起的应变及二元气体的吸附/解吸所引起的膨胀/收缩应变[124,156,159],推导出了CO_2-ECBM过程中储层应力场本构模型如下[162-164]：

$$\varepsilon_{ij} = \dfrac{1}{2G}\sigma_{ij} - \left(\dfrac{1}{6G} - \dfrac{1}{9K}\right)\sigma_{kk}\delta_{ij} + \dfrac{\alpha_T}{3}T\delta_{ij} + \dfrac{\alpha_\mathrm{m}P_\mathrm{m} + \alpha_\mathrm{f}P_\mathrm{f}}{3K}\delta_{ij} + \dfrac{\varepsilon_\mathrm{a}}{3}\delta_{ij} \quad (6\text{-}14)$$

其中,

$$\begin{cases} G = D/[2(1+v)] \\ D = 1/[1/E + 1/(aK_\mathrm{n})] \\ K = D/[3(1-2v)] \\ \varepsilon_\mathrm{a} = a_{\mathrm{sg}}V_{\mathrm{sg}} \\ \alpha_\mathrm{m} = 1 - K/K_\mathrm{s} \\ \alpha_\mathrm{f} = 1 - K/(aK_\mathrm{n}) \\ K_\mathrm{s} = E_\mathrm{s}/[3(1-2v)] \end{cases} \quad (6\text{-}15)$$

式中：G为煤储层剪切模量,Pa；D为煤储层有效弹性模量,Pa；v为泊松比；E为煤储层弹性模量,Pa；a为基质宽度,m；K_n为裂隙刚度,Pa/m；K为煤储层体积模量,Pa；ε_a为二元气体吸附/解吸所引起的基质膨胀/收缩应变；a_{sg}为气体吸附诱导应变系数,kg/m³；V_{sg}为吸附气体含量,m³/kg；α_m与α_f分别为Biot有效压力系数；K_s为储层骨架体积模量,Pa；E_s为储层骨架弹性模量,Pa；α_T为热膨胀系数,K^{-1}；T为温度变量,K；T_0为煤储层初始温度,K；P_f为储层裂隙内的混合压力,Pa；δ_{ij}表征克罗内克函数,当$i=j$时,其值为1,否则为0；P_m为储层基质内的气体压力,Pa。

煤储层基质内的压力可定义如下：

$$P_m = P_{mg1} + P_{mg2} \tag{6-16}$$

煤储层裂隙内的压力可定义如下：

$$P_f = S_w P_{fw} + S_g \sum_{i=1}^{2} P_{fgi} \tag{6-17}$$

式中：P_{fw} 为裂隙内的水压，Pa；P_{fgi} 为裂隙内气体组分 i 的压力，Pa。

气体在煤基质中的吸附/解吸通常伴随着基质内的膨胀/收缩，且扩展的 Langmuir 等温线方程可用来表示气体混合物的吸附。吸附引起的体积应变可定义如下：

$$\varepsilon_{ai} = \frac{\varepsilon_{Li} b_i P_{mgi}}{1 + \sum_{j=1}^{2} b_j P_{mgj}} \tag{6-18}$$

式中：ε_{Li} 为 Langmuir 型应变系数，表示最大膨胀能力。

柯西定理可用于表征煤储层应变与位移间的关系，定义如下：

$$\varepsilon_{ij} = (u_{i,j} + u_{j,i})/2 \tag{6-19}$$

式中：$u_i = (i = x, y, z)$ 为 i 方向的位移，m。

煤储层内应力平衡方程可定义如下：

$$\sigma_{ij,j} + f_i = 0 \tag{6-20}$$

式中：f_i 为煤储层 i 方向的体力，N。

综合上述式(6-14)~式(6-20)，CO_2-ECBM 过程中，改进后的煤储层应力场方程可定义如下：

$$\underbrace{G u_{i,jj} + \frac{G}{1-2\nu} u_{j,ji}}_{\text{Ground-stress}} + \underbrace{f_i}_{\text{Coal-gravity}} = \underbrace{K \alpha_T T_{,i}}_{\text{Thermal-stress}} + \underbrace{\alpha_m P_{m,i} + \alpha_f P_{f,i}}_{\text{Fluid-preure-in-matrix-and-fracture}} + \underbrace{K \left(\frac{\varepsilon_{Li} b_i P_{mgi}}{1 + \sum_{j=1}^{2} b_j P_{mgj}} \right)_{,i}}_{\text{Gas-ad/desorption-induced-stress}} \tag{6-21}$$

6.1.4 温度场控制方程

煤储层内固相（煤骨架）、液相（水）及气相（二元气体）是三相共存的。CO_2-ECBM 过程中，储层内能量变化主要表现为：温度变化会引起内能变化、煤体变形会引起应变能、气体吸附引起的等容吸附热及固/流两相之间的热对流和热传导等。基于此，煤储层内的热平衡状态可表征如下[156,159]：

$$\underbrace{\frac{\partial}{\partial t}[(\rho C_p)_{eff} T]}_{\text{Internal-energy}} + \underbrace{\eta_{eff} \nabla T}_{\text{Thermal-convection}} - \underbrace{\nabla \cdot (\lambda_{eff} \nabla T)}_{\text{Heat-conduction}} + \underbrace{T \alpha_T K \frac{\partial \varepsilon_v}{\partial t}}_{\text{Strain-energy}} + \underbrace{\sum_{i=1}^{2} q_{sti} \frac{\rho_s \rho_{gsi}}{M_{gi}} \frac{\partial V_{sgi}}{\partial t}}_{\text{Gas-adsorption-heat}} = 0 \tag{6-22}$$

式(6-22)左边 5 项分别代表内能、热传递、热转换的变化及煤骨架应变能、气体吸附能的变化。

其中，

$$\begin{cases} \lambda_{\text{eff}} = (1-\varphi_{\text{f}}-\varphi_{\text{m}})\lambda_{\text{s}} + \varphi_{\text{f}}(S_{\text{g}}\lambda_{\text{fgm}} + S_{\text{w}}\lambda_{\text{fw}}) + \varphi_{\text{m}}\lambda_{\text{mgm}} \\ \eta_{\text{eff}} = -\sum_{i=1}^{2}\left(\frac{\rho_{\text{fg}i}C_{\text{g}i}kk_{\text{rg}}}{\mu_{\text{g}i}}\left(1+\frac{b_{\text{k}i}}{P_{\text{fg}i}}\right)\nabla P_{\text{fg}i} + \frac{H_{\text{g}i}\rho_{\text{fg}i}C_{\text{g}i}kk_{\text{rw}}}{\mu_{\text{w}}}\nabla P_{\text{fw}}\right) - \\ \quad \left(\rho_{\text{fvo}}\exp\left(\frac{P_{\text{cgw}}}{\rho_{\text{w}}R_{\text{v}}T}\right)\sum_{i=1}^{2}\frac{C_{\text{w}}kk_{\text{rg}}}{\mu_{\text{g}i}}\left(1+\frac{b_{\text{k}i}}{P_{\text{fg}i}}\right)\nabla P_{\text{fg}i} + \frac{\rho_{\text{w}}C_{\text{w}}kk_{\text{rw}}}{\mu_{\text{w}}}\nabla P_{\text{fw}}\right) \\ (\rho C_{\text{p}})_{\text{eff}} = (1-\varphi_{\text{f}}-\varphi_{\text{m}})\rho_{\text{s}}C_{\text{s}} + \sum_{i=1}^{2}(S_{\text{g}}\varphi_{\text{f}}\rho_{\text{fg}i} + \varphi_{\text{m}}\rho_{\text{mg}i} + S_{\text{w}}\varphi_{\text{f}}H_{\text{g}i}\rho_{\text{fg}i})C_{\text{g}i} + \\ \quad S_{\text{w}}\varphi_{\text{f}}\rho_{\text{w}}C_{\text{w}} + S_{\text{g}}\varphi_{\text{f}}\rho_{\text{fv0}}\exp\left(\frac{P_{\text{cgw}}}{\rho_{\text{w}}R_{\text{v}}T}\right)C_{\text{v}} \end{cases} \quad (6\text{-}23)$$

式中：C_{gi}、C_w、C_v 与 C_s 分别为 CH_4、CO_2、水、蒸汽与煤骨架的比热容，J/(kg·K)；λ_{mgm}、λ_{fgm}、λ_{fw} 与 λ_s 分别为基质内混合气体、裂隙内混合气体、裂隙内水相及煤骨架的热导系数，W/(m·K)；q_{sti} 为组分 i 的等容吸附热，kJ/mol。

6.1.5 渗透率演化控制方程

基于上文基本假设，煤储层假定为双孔单渗介质，具有基质孔隙和裂隙（图6-1）。基质孔隙是气体存储的主要空间，而裂隙孔隙度主要控制储层内二元气体的渗透性能。孔隙度和渗透率是影响 CO_2-ECBM 过程中 CH_4 排采率及 CO_2 封存量的关键因素，对煤储层所处的应力状态和煤储层性质十分敏感，即煤层固体应力、气体压力、二元气体吸附、热响应和力学特性的耦合作用。

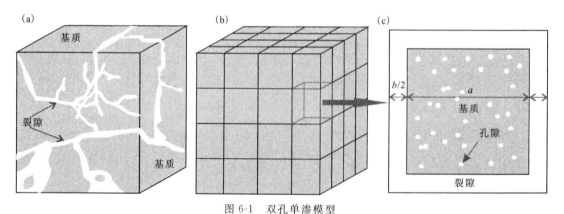

图6-1 双孔单渗模型

(a)真实煤储层；(b)抽象煤储层；(c)煤储层孔隙、裂隙及煤基质示意

基质内的储层孔隙度可表征如下：

$$\varphi_{\text{m}} = \varphi_{\text{m0}} + \frac{(\alpha_{\text{m}}-\varphi_{\text{m0}})(\varepsilon_{\text{e}}-\varepsilon_{\text{e0}})}{1+\varepsilon_{\text{e}}} \quad (6\text{-}24)$$

其中，
$$\varepsilon_{\text{e}} = \varepsilon_{\text{v}} + P_{\text{m}}/K_{\text{s}} - \alpha_{T}T - \varepsilon_{\text{s}} \quad (6\text{-}25)$$

式中：ε_v 为煤储层体积应变；下标"0"代表各参数的初始状态。

煤储层内，基质与裂隙系统的有效应力可表征如下[165-166]：

$$\begin{cases} \sigma_{em} = \bar{\sigma} - (\alpha_m P_m + \alpha_f P_f) \\ \sigma_{ef} = \bar{\sigma} - \alpha_f P_f \end{cases} \quad (6-26)$$

其中,$\bar{\sigma} = (\sigma_{11} + \sigma_{22} + \sigma_{33})/3$,即平均主应力。

考虑作用在煤基质和裂隙上的有效应力,煤储层单位体积内的体积应变可表征如下:

$$\Delta\varepsilon_v = \frac{a^3}{s^3 K_m}\Delta\sigma_{em} + \frac{s^3 - a^3}{s^3 K_f}\Delta\sigma_{ef} - \frac{a^3}{s^3}\Delta(\varepsilon_{sl} + \varepsilon_{sl}) - \frac{a^3}{s^3}\alpha_T \Delta T \quad (6-27)$$

式中:s 为煤储层代表性体积单元边长,且 $s = a + b$,m;a 为基质边长,m;b 为裂隙宽度,m。

将式(6-26)代入式(6-27)可得

$$\Delta\varepsilon_v = \frac{a^3}{s^3 K_m}\Delta[\bar{\sigma} - (\alpha_m P_m + \alpha_f P_f)] + \frac{s^3 - a^3}{s^3 K_f}\Delta(\bar{\sigma} - \alpha_f P_f) - \frac{a^3}{s^3}\Delta(\varepsilon_{sl} + \varepsilon_{sl}) - \frac{a^3}{s^3}\alpha_T \Delta T \quad (6-28)$$

裂隙空间的有效应力可用基质的宽度(a)与代表性体积单位的边长(s)的比值,即 r_{as} 进行表征:

$$\Delta\bar{\sigma} - \alpha_f \Delta P_f = \frac{K_m K_f}{K_f r_{as}^3 + K_m - K_m r_{as}^3}\left[r_{as}^3 \Delta(\varepsilon_{sl} + \varepsilon_{sl}) + r_{as}^3 \alpha_T \Delta T + \Delta\varepsilon_v + \frac{r_{as}^3}{K_m}\alpha_m \Delta P_m\right] \quad (6-29)$$

有效应力变化引起的裂隙变形可表征如下:

$$\Delta b = \frac{b}{3K_f}\Delta\sigma_{ef} = \frac{b}{3K_f}\Delta(\Delta\bar{\sigma} - \alpha_f \Delta P_f) \quad (6-30)$$

综上所述,煤储层裂隙渗透率演化可表征如下:

$$\varphi_f = \varphi_{f0}\left(1 + \frac{b}{\Delta b}\right) = \varphi_{f0} + \frac{\varphi_{f0} K_m}{3(K_f r_{as}^3 + K_m - K_m r_{as}^3)} \cdot \\ \left[r_{as}^3 \Delta(\varepsilon_{sl} + \varepsilon_{sl}) + r_{as}^3 \alpha_T \Delta T + \Delta\varepsilon_v + \frac{r_{as}^3}{K_m}\alpha_m \Delta P_m\right] \quad (6-31)$$

煤储层内,渗透率与孔隙度存在立方定律,可表征如下[165-166]:

$$k = k_0\left(1 + \frac{K_m}{3(K_f r_{as}^3 + K_m - K_m r_{as}^3)}\left[r_{as}^3 \Delta(\varepsilon_{sl} + \varepsilon_{sl}) + r_{as}^3 \alpha_T \Delta T + \Delta\varepsilon_v + \frac{r_{as}^3}{K_m}\alpha_m \Delta P_m\right]\right)^3 \quad (6-32)$$

式中:φ_{f0} 为煤裂隙相的初始孔隙度;k_0 为裂隙相初始渗透率,m^2。

6.1.6 模型耦合分析

综上所述,式(6-13)、式(6-21)、式(6-22)、式(6-31)与式(6-32)共同构成碎软低渗煤层内 CO_2-ECBM 过程 THMC 全耦合模型。耦合关系如图 6-2 所示。煤体变形、二元气体(CO_2、CH_4)的吸附/解吸与运移、水相的输运及传热场之间的相互作用说明了模型的完全耦合。各物理场之间的全耦合关系具体表现为:①储层温度变化引起的热应力会对储层骨架应力场产生影响;②储层骨架内能耗散产生的热会对储层温度产生影响;③温度变化引起气体压力的变化会对气体产生影响;④气体与储层骨架的热对流作用会对储层温度场产生影响;⑤储层变形引起孔隙度的变化,会对气体流动产生影响;⑥气体压力变化会引起储层产生变形。

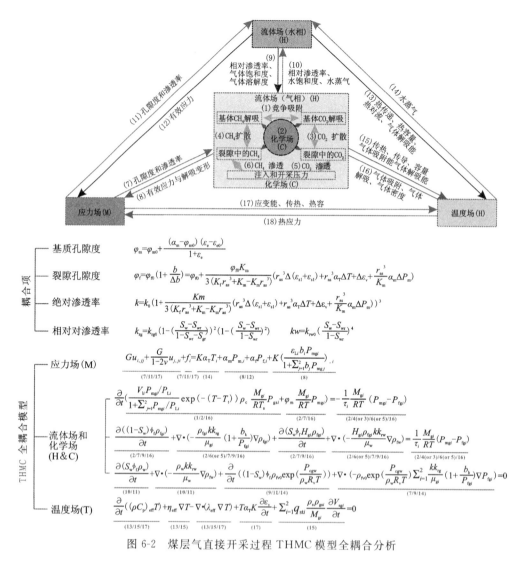

图 6-2 煤层气直接开采过程 THMC 模型全耦合分析

CO_2-ECBM 过程的 THMC 全耦合模型为复杂非线性二阶偏微分方程,由于其时空非线性,难以解析求解。COMSOL Multiphysics 提供了一个强大的基于 PDE 的建模环境,可用 PDE 模块计算流体场、温度场和化学场,应用固体力学模块评估煤体变形场,基于此,可实现复杂非线性二阶偏微分方程的数值求解。

6.2 数学模型验证及对比分析

本研究以沁水盆地南部郑庄区块某井组为地质背景开展全耦合数学模型的验证工作。该井组包含 12 口煤层气井,为 3 号煤层与 15 号煤层的共采井组,生产时间 210~220d。基于该井组井位平面分布,同时考虑计算机内存和运行速度,对井组所在区域 1000m×600m 的范围开展数值模拟工作(图 6-3)。

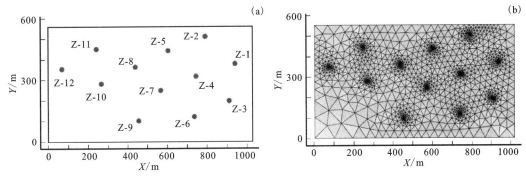

图 6-3 全耦合数学模型验证地质模型及其网格划分

(a)地质模型;(b)网格划分

本次多物理场全耦合数学模型验证工作,所使用的关键参数主要来源于该井组工程数据及相关参考文献(表 6-1)。

表 6-1 全耦合数学模型验证所需核心地质参数

变量	参数	取值 3#	取值 15#	单位
P_0	初始储层压力	6.00	7.00	MPa
T_0	初始储层温度	300	303	K
H	煤层厚度	6.00	5.00	m
φ_m	基质孔裂隙	4.00	4.50	%
φ_f	裂隙孔隙度	1.00	1.50	%
k_0	初始储层渗透率	0.514	0.754	$10^{-3} \mu m^2$
E	煤储层弹性模量	0.713	1.414	GPa
E_s	煤骨架弹性模量	8.47	10.32	GPa
v	泊松比	0.240	0.250	—
k_n	裂隙刚度	2.80	2.85	GPa/m
α_T	煤基体热膨胀系数	$2.4e^{-5}$	$2.4e^{-5}$	K^{-1}
α_{sg}	吸附应变系数	0.06	0.06	kg/m^3
P_L	CH_4朗格缪尔压力常数	2.07	2.07	MPa
V_L	CH_4朗格缪尔体积常数	0.025 6	0.025 6	m^3/kg
d_1	CH_4温度常数	0.021	0.025	K^{-1}
d_2	CH_4压力常数	0.071	0.075	MPa^{-1}
b_1	Klingenberg 因子	0.76	0.74	MPa^{-1}
λ_s	煤基质导热系数	0.191	0.203	$W/(m^3 \cdot K)$

续表 6-1

变量	参数	取值 3#	取值 15#	单位
λ_g	CH_4导热系数	0.031	0.052	W/(m³·K)
λ_w	水相导热系数	0.598	0.719	W/(m³·K)
C_s	煤基体比热容	1350	1750	J/(kg·K)
C_g	CH_4比热容	2160	2360	J/(kg·K)
C_w	水相比热容	4200	4500	J/(kg·K)

模拟井组单井日产气量平均拟合误差介于0.63%～9.38%之间,平均为2.68%(图6-4,表6-2),与实际煤层气井排采数据吻合度较高,验证了数学模型的准确性。

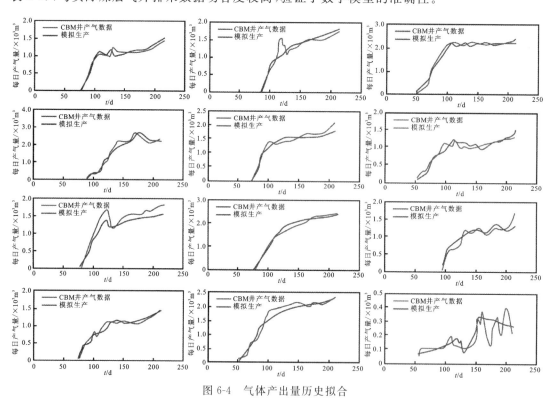

图 6-4　气体产出量历史拟合

表 6-2　气体产出量历史拟合容差

井编号	Z-1	Z-2	Z-3	Z-4	Z-5	Z-6
容差	0.63	1.50	1.67	3.83	2.89	1.56
井编号	Z-7	Z-8	Z-9	Z-10	Z-11	Z-12
容差	9.38	1.67	1.62	1.12	3.98	2.23

6.3 地质模型、数值方案及求解条件

6.3.1 地质模型

刘庄煤矿为两淮地区典型的碎软低渗煤层气田,位于淮南煤田西部,东起陈桥断层与谢桥煤矿毗邻,西迄胡集断层与板集煤矿接壤,东西走向长 16km,南北宽 3.5~8km,面积约 82.211 4km²(图 6-5)。本研究以两淮煤田刘庄矿为地质背景开展煤层注 CO_2 排采的数值模拟研究。刘庄煤矿主采煤层 13-1 全区稳定发育、构造稳定,平均煤厚 4.34m,且煤层内最大瓦斯压力为 1.40MPa。为减少断层构造对 CO_2 地质封存安全性造成影响,故选取非断层构造发育区开展数值模拟研究;基于数值模型的对称性,选取几何模型的 1/4 开展本次数值模拟研究(图 6-5)。

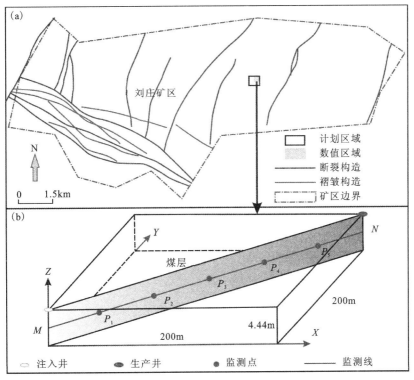

图 6-5 煤层气井底抽采数值模拟地质模型
(a)数字模拟地质模型及其抽采钻孔、观测点分布;(b)数值模拟地质模型网格划分

基于对刘庄矿区 13-1 煤层平面展布的优化分析,并同时考虑计算机内存和运行速度,设计了本次数值模拟的地质几何模型(图 6-5)。该数值模拟简化模型内,13-1 煤层长度约为 400m,宽度约为 400m,高度为 4.34m,钻孔半径为 0.10m。本次数值模拟研究,共含 5 个数据监测点:$P_1(1.10,0.53,2.22)$、$P_2(2.20,1.06,2.22)$、$P_3(3.30,1.59,2.22)$、$P_4(4.40,2.12,2.22)$、$P_5(5.50,2.65,2.22)$;MN 为数据监测线(图 6-5)。模拟时间周期为 7300d(20a)。本

次地质模型网格划分采用自由三角形网格,共划分三角形 15 800 个、网格顶点 8175 个、边单元 584 个、顶点单元 76 个。

6.3.2 数值参数及方案

本次碎软低渗煤层内煤层气注 CO_2 排采分析所需的数值参数主要来源于淮南煤田刘庄煤矿 13-1 煤层样品的相关室内实验测试数据及相关参考文献(表 6-3)。

表 6-3 全耦合数学模型验证所需核心地质参数

变量	参数	取值	单位
P_0	初始储层压力	1.40	MPa
T_0	初始储层温度	300	K
T_{ref}	吸附试验的参考温度	300	K
H	煤层厚度	4.44	m
φ_f	裂隙孔裂隙	0.037	—
k_0	初始储层渗透率	5.14	10^{-16} m^2
E	煤储层弹性模量	2.71	GPa
E_s	煤骨架弹性模量	8.469	GPa
v	泊松比	0.35	—
k_n	裂隙刚度	2.86	GPa/m
α_T	煤基体热膨胀系数	$2.4e^{-5}$	K^{-1}
α_{sg}	吸附应变系数	0.06	kg/m^3
P_{L1}	CH_4 朗格缪尔压力常数	2.07	MPa
P_{L2}	CO_2 朗格缪尔压力常数	1.38	MPa
V_{L1}	CH_4 朗格缪尔体积常数	0.025 6	m^3/kg
V_{L2}	CO_2 朗格缪尔体积常数	0.044 7	m^3/kg
u_{g1}	CH_4 的动力粘度	$1.34e^{-5}$	Pa·s
u_{g2}	CO_2 的动力粘度	$1.84e^{-5}$	Pa·s
u_w	水相的的动力粘度	$1.01e^{-3}$	Pa·s
H_{g1}	CH_4 的亨利系数	0.001 4	—
H_{g2}	CO_2 的亨利系数	0.034 7	—
k_{rw0}	水相的端点相对渗透率	0.875	—
k_{rg0}	气相的端点相对渗透率	0.82	—
S_{wr}	束缚水饱和度	0.42	—
S_{gr}	残余气体饱和度	0.05	—
q_{st1}	CH_4 吸附等容热	16.4	KJ/mol

续表 6-3

变量	参数	取值	单位
q_{st2}	CO_2 吸附等容热	19.2	KJ/mol
d_1	CH_4 温度系数	0.021	K^{-1}
d_2	CH_4 压力系数	0.071	MPa^{-1}
b_1	Klingenberg 因子	0.75	MPa^{-1}
R_v	水蒸气的气体常数	461.51	$J/(K \cdot kg)$
λ_s	煤基质导热系数	0.191	$W/(m \cdot K)$
λ_{g1}	CH_4 导热系数	0.031	$W/(m \cdot K)$
λ_{g2}	CO_2 导热系数	0.015	$W/(m \cdot K)$
C_s	煤基质比热容	1250	$J/(kg \cdot K)$
C_{g1}	CH_4 比热容	1624	$J/(kg \cdot K)$
C_{g2}	CO_2 比热容	651	$J/(kg \cdot K)$

数值模拟方案见表 6-4：方案 A 主要分析真实储层地质环境下 CO_2-ECBM 过程的可视化量化结果，如储层压力、储层气体含量、储层温度、储层渗透率等演化示意及其量化分析；方案 B 主要探讨初始储层气体压力对 CO_2-ECBM 工艺的影响；方案 C 主要探讨注气温度对 CO_2-ECBM 工艺的影响；方案 D 主要探讨储层初始渗透率对 CO_2-ECBM 工艺的影响。物理场耦合方式均为应力场-流体场-温度场-化学场等多物理场全耦合模式（表 6-4）。

表 6-4 数值模拟具体方案

方案编号	模型	耦合方式	备注
A	模型 1：真实储层地质环境	THMC	ECBM 排采可视化分析
B	模型 2：储层压力 4MPa	THMC	储层初始气体压力对 CO_2-ECBM 工艺的影响
B	模型 3：储层压力 6MPa	THMC	储层初始气体压力对 CO_2-ECBM 工艺的影响
B	模型 4：储层压力 8MPa	THMC	储层初始气体压力对 CO_2-ECBM 工艺的影响
B	模型 5：储层压力 10MPa	THMC	储层初始气体压力对 CO_2-ECBM 工艺的影响
C	模型 6：注气温度 280K	THMC	注气温度对 CO_2-ECBM 工艺的影响
C	模型 7：注气温度 300K	THMC	注气温度对 CO_2-ECBM 工艺的影响
C	模型 8：注气温度 320K	THMC	注气温度对 CO_2-ECBM 工艺的影响
C	模型 9：注气温度 340K	THMC	注气温度对 CO_2-ECBM 工艺的影响
D	模型 10：渗透率 $2.14 \times 10^{-16} m^2$	THMC	储层初始渗透率对 CO_2-ECBM 工艺的影响
D	模型 11：渗透率 $4.14 \times 10^{-16} m^2$	THMC	储层初始渗透率对 CO_2-ECBM 工艺的影响
D	模型 12：渗透率 $6.14 \times 10^{-16} m^2$	THMC	储层初始渗透率对 CO_2-ECBM 工艺的影响
D	模型 13：渗透率 $8.14 \times 10^{-16} m^2$	THMC	储层初始渗透率对 CO_2-ECBM 工艺的影响

6.3.3 求解条件

该数值模型的求解条件为：整个模型的顶部为恒压边界，底部为固定端边界，左右侧为滚轴边界。煤层外部为无流动边界，抽采孔边界设置为恒压边界。整个分析区均采用固体变形模型，应力场-流体场-温度场-化学场等多物理场全耦合模型仅适用于煤层；煤层内部有 1.40MPa 的初始气体压力，抽采孔的压力恒定为 25kPa，钻孔沿轴向的位移和流体通量均为 0。

6.4 CO_2-ECBM 流体连续过程数值模拟

6.4.1 储层压力演化示意及其量化分析

关于储层内气体压力的演化示意，本研究开展了煤层气的直接开采及注 CO_2 开采的数值模拟研究。直接开采煤层气时，储层压力特指储层裂隙内的 CH_4 气体；注 CO_2 开采煤层气时，注气压力设置为 8MPa，则储层压力指储层裂隙内的 CH_4 与 CO_2 气体压力之和。储层压力分布如图 6-6 所示。

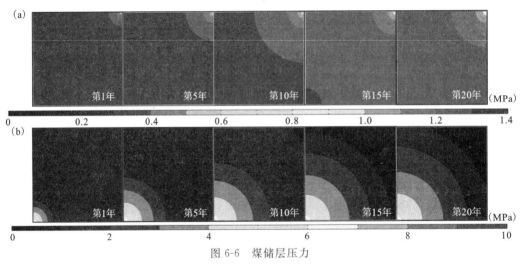

图 6-6 煤储层压力
(a)直接开采；(b)注 CO_2 强化开采

直接开采煤层气时，储层内气体压力持续降低，直至降低至抽采负压，且抽采井附近储层压力的变化最明显；虽经过近 20 年的煤层气的开采，整个煤层内气体压力总体降低趋势不太明显，主要原因在于煤层内初始气体压力总体偏低，煤储层压力与抽采负压的压差较小[图 6-6(a)、图 6-7(a)]。因此，在碎软低渗煤层内，需要采取相关工艺以提高两者间的压差，其中注 CO_2 开采煤层气就是很好的思路。

注 CO_2 开采煤层气的过程中，注气井附近储层压力迅速提高[图 6-6(b)]，可观测 P_1—P_3 点内储层压力数据[图 6-7(a)灰色区域]，储层压力的提高主要是由 CO_2 气体所贡献的[图 6-7(b)]；生产井附近储层压力先逐渐降低，后期又逐渐回升，可观测 P_4 点内储层压力数据变化[图 6-7(a)]。对于 CH_4 而言，注气井附近的压力变化主要受 CO_2 注入后的压力驱动所形成，

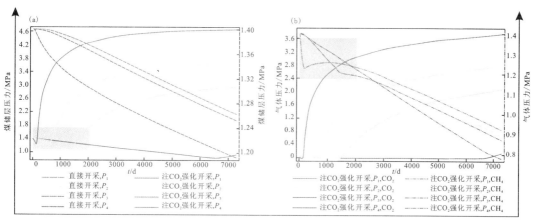

图 6-7 煤储层直接开采及注 CO_2 开采模式下不同观测点处煤储层压力
(a)煤储层压力;(b)气体压力

生产井附近则受储层与抽采负压之间压差的影响[图 6-7(b)]。由于 CO_2 吸附能力较强,注入的 CO_2 会取代基质内已吸收的 CH_4,加速 CH_4 解吸,然后扩散到裂隙中,增加裂隙内 CH_4 压力,因此注气井附近 CH_4 短时间内迅速降低后呈现出一定的压力回升现象[图 6-7(b)灰色区域]。

6.4.2 储层气体含量演化示意及其量化分析

图 6-8 至图 6-10 揭示了注 CO_2 开采煤层气及直接开采煤层气过程中,储层内气体含量的变化趋势。

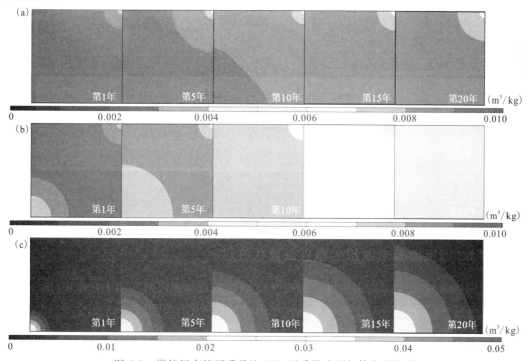

图 6-8 煤储层直接开采及注 CO_2 开采模式下气体含量分布
(a)直接开采时 CH_4 含量;(b)注 CO_2 开采时 CH_4 含量;(c)注 CO_2 开采时 CO_2 含量

直接开采煤层气时,生产井周围含气量逐渐降低,并从生产井逐渐向储层内部扩散,直至完全扩散至整个煤储层[图6-8(a)、图6-9(a)]。注CO_2开采过程中,随着开采时间的推进,生产井和注入井附近的CH_4含量均呈下降趋势[图6-8(b)、图6-9(a)];CO_2的竞争吸附效应导致注气井附近的CH_4含量下降,解吸的CH_4增加了裂隙内的气体压力,将CH_4驱向生产井[图6-8(b)、图6-9(a)]。与直接开采煤层气相比,注CO_2开采过程中,CH_4含量先略有上升后急剧下降[图6-9(a)的灰色虚线区域部分]。随着注CO_2时间的延长,煤层中CO_2的含气量逐渐增加,特别是在注气井附近,煤储层内的气体含量的增加也主要由注入的CO_2所贡献[图6-8(c)、图6-9(b)]。

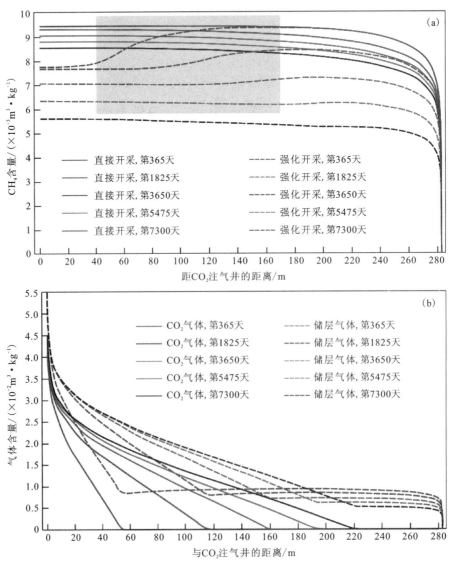

图6-9 煤储层直接开采及注CO_2开采模式下气体含量分布

(a)CH_4含量;(b)注CO_2开采时CO_2含量及储层气体含量

6.4.3 储层温度演化示意及其量化分析

图 6-10 至图 6-11 揭示了注 CO_2 开采煤层气及直接开采煤层气过程中,储层温度的变化趋势。

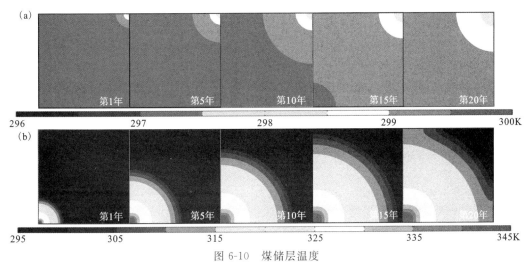

图 6-10 煤储层温度
(a)直接开采;(b)注 CO_2 强化开采

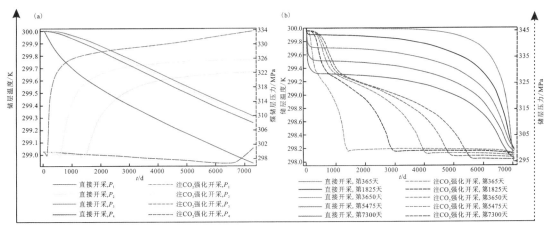

图 6-11 直接开采及注 CO_2 开采煤层气模式下储层温度演化
(a)不同观测点;(b)MN 观测线

直接开采煤层气时,储层内温度随着开采时间的增加,呈现降低的趋势[图 6-10(a)],由初始 300K 逐渐降低至 298K[图 6-11(b)]。气体解吸需要消耗能量,会导致储层温度下降。因此,生产井附近的温度下降速度要快于煤储层内部,见于图 6-11(a)内的红色线条所代表的 P_4 点处[图 6-10(a)、图 6-11]。注 CO_2 开采过程中,储层温度随着生产时间增加而逐渐升高,且复杂性更强。储层温度是 CH_4 解吸引起的冷却、注入温度和 CO_2 吸附引起的加热的竞争结果。在注气井附近,注入的高温通量与 CO_2 吸附释放的能量一起加强了储层内的换热。因此,在注入井附近,升温占主导地位,导致温度迅速上升,从 298K 上升到 334K[图 6-11(a)]。

在生产井附近,储层温度受CH_4解吸和CO_2吸附的影响较大。在注入CO_2到达前,约6500d,随着CH_4的解吸,储层温度略有下降。随后,CO_2吸附对提高储层温度起主导作用(图6-11)。

6.4.4 储层渗透率演化示意及其量化分析

图6-12至图6-13揭示了注CO_2开采煤层气及直接开采煤层气过程中,储层渗透率的变化趋势。

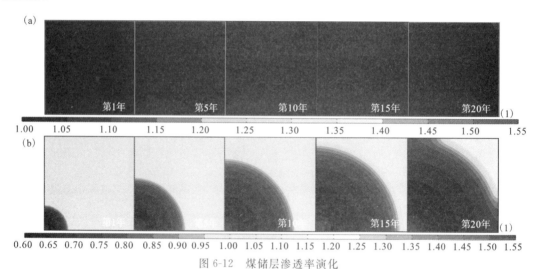

图6-12 煤储层渗透率演化
(a)直接开采煤储层渗透率变化;(b)注CO_2强化开采煤储层渗透率变化

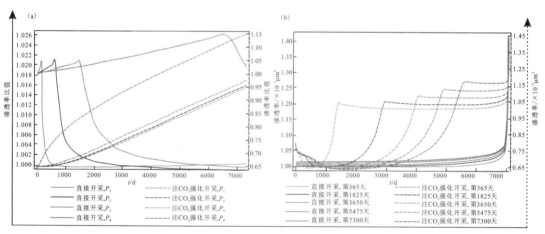

图6-13 直接开采及注CO_2开采煤层气模式下储层渗透率演化
(a)不同观测点储层渗透率演化;(b)MN观测线储层渗透率演化

直接开采煤层气时,随着开采时间的推进,储层压力降低导致的有效应力效应小于CH_4解吸产生的储层吸附收缩效应,故而储层内孔裂隙空间呈增大趋势,因此,储层内渗透率呈逐渐提高的趋势[图6-12(a)],且于抽采井附近提高越显著,渗透率比值最高可增大至1.40(图6-13),靠近生产井的渗透率提高时间越早,对产气量的影响越显著;注CO_2开采过程中,储层渗透率的演化规律及其影响因素复杂性更强。CH_4的解吸及其诱导冷却会引起储层收缩效应，CO_2的注入会引起储层有效应力增大，CO_2的吸附及其诱导热会引起储层膨胀效应。基于此，在注气井附近，CO_2的吸附及其诱导热会引起储层膨胀效应远远大于CH_4的解吸及其诱导冷却会引起储层收缩效应及CO_2的注入会引起储层有效应力效应，故而储层孔裂隙空间呈逐渐减少的趋势，因此储层渗透率逐渐降低[图6-12(b)、图6-13]。

在生产井附近，当注入的CO_2未扩散至生产井附近时，其渗透率演化规律类似于直接开采煤层气时生产井附近渗透率演化，渗透率呈增大趋势；当注入的CO_2扩散至生产井附近时，CO_2的吸附及其诱导热会引起储层膨胀效应远远大于CH_4的解吸及其诱导冷却会引起储层收缩效应及CO_2的注入会引起储层有效应力效应，故而储层孔裂隙空间呈逐渐减少的趋势，因此储层渗透率逐渐降低[图6-12(b)、图6-13]。

6.4.5 CO_2注气及CH_4产气示意分析

图6-14揭示了注CO_2开采煤层气及直接开采煤层气过程中，CO_2的注气速率及其累计注入量，CH_4的产出速率及其累计产出量。无论注CO_2开采煤层气还是直接开采煤层气，CH_4的产出速率及CO_2的注气速率均呈逐渐降低趋势，其区别主要呈现在CH_4产出速率的大小上[图6-14(a)]。直接开采煤层气时，CH_4的产出速率保持较为稳定的趋势，约为$800m^3/d$；注CO_2开采煤层气时，其产出速率差异性较大，由$15\,000m^3/d$逐渐降低至$7500m^3/d$[图6-14(a)]。不同开采模式下，CH_4产出速率演化趋势的差异也表征了注CO_2后，CH_4被驱动所生产的积极性。

图6-14(b)表征了CH_4累计产出量及CO_2累计注入量随时间的变化。数值区域内，开采20a后，直接开采煤层气时，CH_4累计产出量为$690\,963.688m^3$，注CO_2开采煤层气时，CH_4累计产出量为$6\,958\,632.004m^3$，增加了近10倍。CH_4采收率定义为煤储层累计CH_4产量与初始CH_4量的比值。直接开采煤层气时，365d、1825d、3650d及5475d时，CH_4采收率分别为6.25%、27.89%、53.17%及77.08%；注CO_2开采煤层气时，365d、1825d、3650d及5475d时，CH_4采收率分别为6.55%、29.47%、55.56%及79.11%。CO_2的注入有效地提高了采收率。7300d时，CO_2累计储存量接近$12\,200\,587.900m^3$，表明煤层具有显著的CO_2储存量和封存CO_2的潜在可行性[图6-14(b)]。

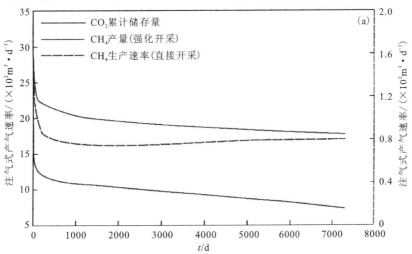

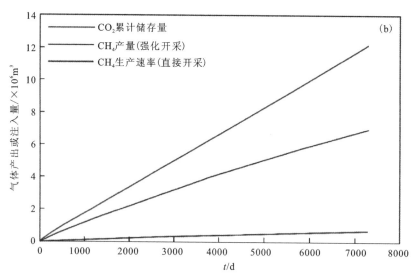

图 6-14　直接开采及注 CO_2 开采煤层气模式下气体产出量及 CO_2 注入量

6.5　CO_2-ECBM 注气工艺影响因素分析

6.5.1　注气压力

图 6-15 显示了不同注入压力下，CO_2-ECBM 过程中储层压力、气体含量、渗透率比值、CH_4 生产效率、CO_2 注气效率的变化情况。

对于储层压力而言，注气压力越大，储层压力越高。越靠近注气井，储层压力越大，且储层压力呈现由注气井、储层内部至生产井逐渐降低的趋势[图 6-15(a)]；对于 CH_4 含量而言，储层内同一位置上，储层压力越大，CH_4 含量越低，且 CH_4 含量亦呈现由注气井、储层内部至生产井逐渐降低的趋势[图 6-15(b)]；对于 CO_2 含量而言，储层内同一位置上，储层压力越大，CO_2 含量越高，且 CO_2 含量亦呈现由注气井、储层内部至生产井逐渐降低的趋势，10a 内不论注气压力有多大，CO_2 均未到达抽采井[图 6-15(c)]；对于储层渗透率而言，储层渗透率皆呈现先增后减的趋势，且储层压力越大，渗透率增大、减少速度越快，最大值及最低值越广[图 6-15(d)]；对于 CH_4 产出速率而言，同一时间内，注气压力越大，CH_4 产出速率越高，且随着开采时间的增加，不同注气压力下 CH_4 产出速率逐渐趋于某一定值[图 6-15(e)]；对于 CO_2 注气速率而言，注气压力越大，CO_2 注气速率越高，且 CO_2 注气速率与压力差呈现正相关关系[图 6-15(f)]。

6.5.2　注气温度

图 6-16 显示了不同注气温度下，CO_2-ECBM 过程中储层压力、气体含量、渗透率比值、CH_4 生产效率、CO_2 注气效率的变化情况。

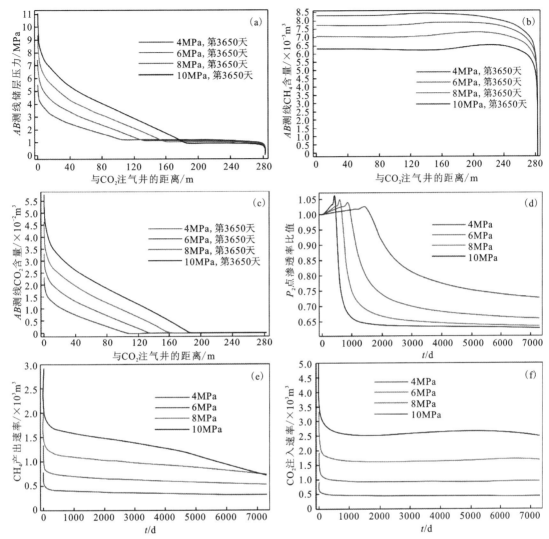

图 6-15 不同注 CO_2 压力下储层参数演化

(a)AB 测线储层压力;(b)AB 测线 CH_4 含量;(c)AB 测线 CO_2 含量;
(d)P_2 点渗透率比值;(e)CH_4 生产效率;(f)CO_2 注气效率

对于储层压力而言,注气温度越高,储层压力越高。越靠近注气井,储层压力越大,且储层压力呈现由注气井、储层内部至生产井逐渐降低的趋势,随着注气温度越来越高,储层间气体压力差越来越小[图 6-16(a)];对于 CH_4 含量而言,储层内同一位置上,注气温度越高,CH_4 含量越低,且 CH_4 含量亦呈现由注气井、储层内部至生产井逐渐降低的趋势,随着注气温度越来越高,储层内 CH_4 含量差越来越小[图 6-16(b)];对于 CO_2 含量而言,储层内同一位置上,注气温度越高,CO_2 含量越高,且 CO_2 含量亦呈现由注气井、储层内部至生产井逐渐降低的趋势,10a 内不论注气压力有多大,CO_2 均未到达抽采井,随着注气温度越来越高,储层内 CO_2 含量差越来越小[图 6-16(c)];对于储层渗透率而言,储层渗透率皆呈现先增后减的趋势,且注气温度越高,渗透率增大、减少速度越快,最大值及最低值越广[图 6-16(d)];对于 CH_4 产出速

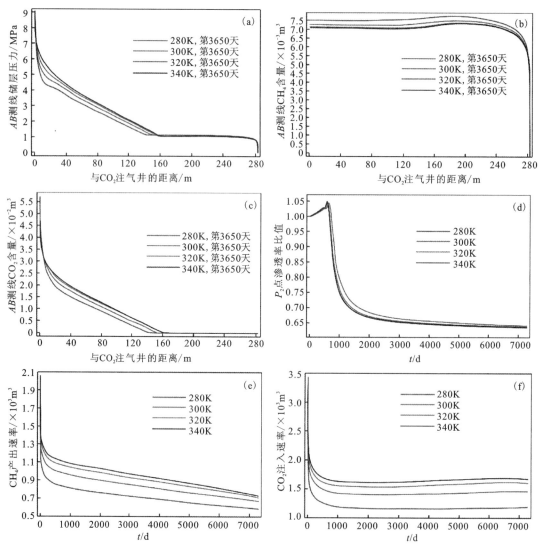

图 6-16 不同注 CO_2 温度下储层参数演化

(a)AB 测线储层压力;(b)AB 测线 CH_4 含量;(c)AB 测线 CO_2 含量;
(d)P_2 点渗透率比值;(e)CH_4 生产效率;(f)CO_2 注气效率

率而言,同一时间内,注气温度越高,CH_4 产出速率越高,且随着开采时间增加,不同注气温度下 CH_4 产出速率逐渐趋于某一定值,随着注气温度越来越高,储层内 CH_4 产气速率差越来越小[图 6-16(e)];对于 CO_2 注气速率而言,注气温度越高,CO_2 注气速率越高,且 CO_2 注气速率与压力差呈现正相关关系,随着注气温度越来越高,储层内 CO_2 注气速率差越来越小[图 6-16(f)]。

6.5.3 初始渗透率

在 CO_2-ECBM 过程中,煤层气渗透率决定了气体从裂缝向生产井运移的速度。图 6-17 显示了不同初始储层渗透率下,CO_2-ECBM 过程中储层压力、气体含量、渗透率比值、CH_4 生产效率、CO_2 注气效率的变化情况。

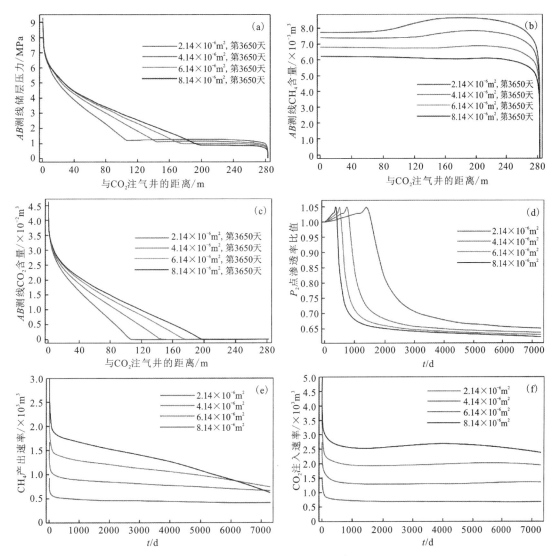

图 6-17 不同初始渗透率下储层参数演化

(a) AB 测线储层压力; (b) AB 测线 CH_4 含量; (c) AB 测线 CO_2 含量;
(d) P_2 点渗透率比值; (e) CH_4 生产效率; (f) CO_2 注气效率

对于储层压力而言,在注气井附近,储层初始渗透率越高,储层压力越大,在生产井附近,储层初始渗透率越高,储层压力越低,一定程度上说明了储层渗透率对 CO_2 注入速率及 CH_4 产出速率的影响至关重要[图6-17(a)]。对于 CH_4 含量而言,储层内同一位置上,储层初始渗透率越高,CH_4 含量越低;在不同区域上 CH_4 含量演化分布差异性较大,注气井附近由于 CO_2 的注入驱使 CH_4 含量降低,生产井附近由于压差驱使 CH_4 含量降低,数值模拟的中间区域则保持着初始温度状态[图6-17(b)]。对于 CO_2 含量而言,储层内同一位置上,储层初始渗透率越高,CO_2 含量越高,且 CO_2 含量亦呈现由注气井、储层内部至生产井逐渐降低的趋势,10a 内不论注气压力有多大,CO_2 均未到达抽采井,随着储层初始渗透率越高,储层内 CO_2 含量差越来越小[图 6-17(c)]。对于储层渗透率而言,储层渗透率皆呈现先增后减的趋势,且储层初始渗透率越高,渗透率增大、减少速度越快,最大值及最小值越广[图 6-17(d)]。对于 CH_4 产出速率而言,同一时间内,储层初始渗透率越高,CH_4 产出速率越高,且随着开采时间增加,不同储层初始渗透率下 CH_4 产出速率逐渐趋于某一定值,随着储层初始渗透率越来越高,储层内 CH_4 产出速率差越来越小[图 6-17(e)]。对于 CO_2 注入速率而言,储层初始渗透率越高,CO_2 注入速率越高,且 CO_2 注入速率与压力差呈现正相关关系,随着储层初始渗透率越高,储层内 CO_2 注入速率差越来越小[图 6-17(f)]。

6.6 CO_2-ECBM 工程理论指示意义

6.6.1 CO_2-ECBM 过程储层渗透率演化示意

CO_2-ECBM 过程中,储层内抽采井及注气井附近区域储层渗透率演化及其影响因素存在明显的差异性,其演化机制如图 6-18 所示。其中,B 点代表注气井附近区域,C 点代表生产井附近区域。最内白色正方形代表基质孔隙,主要表征基质渗透率的变化;中间正环形代表煤基质,主要受 CH_4 解吸及 CH_4、CO_2 的竞争吸附影响;最外正环形代表孔隙主要受储层有效应力及 CH_4、CO_2 竞争吸附共同影响(图 6-18)。

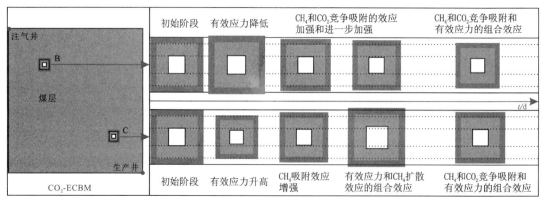

图 6-18 CO_2-ECBM 过程中储层渗透率回弹、恢复演化示意图

CO_2-ECBM 过程中,煤储层渗透率的变化主要受储层有效应力效应及 CH_4、CO_2 的竞争吸附效应的共同影响(图 6-18)。注气井附近区域,CO_2 的注入会降低储层有效应力,在一定程度上会提高裂隙孔隙度,继而引起裂隙渗透率的提高;但同一时间内,注入的 CO_2 会与 CH_4 产生竞争吸附,由于煤基质会优先吸附 CO_2,且吸附量往往很大,因此,注入的 CO_2 会引起煤基质的极大膨胀,会在很大程度上造成基质渗透率的降低。同一时间内,CH_4、CO_2 的竞争吸附所引起煤基质膨胀效应较储层有效应力效应会对储层渗透率产生更重要的影响,且主体重要性越来越大(图 6-18)。因此,注 CO_2 开采煤层气时,注气井附近区域渗透率逐渐降低,且越靠近注气井,渗透率越低。

生产井附近区域,当注入的 CO_2 未波及此区域内,煤储层渗透率变化主要受储层有效应力效应及 CH_4 解吸引起基质收缩效应共同影响。生产井的边界卸压使储层内裂隙所受有效应力增大,在一定程度上必然引起裂隙孔隙度的降低,继而引起裂隙渗透率的降低,且生产井的边界卸压也会引起 CH_4 的解吸,解吸的 CH_4 一方面会引起煤基质的收缩从而引起基质孔隙度的提高,另一方面自由态的 CH_4 运移于裂隙中会增加裂隙内压力,从而能有效补偿有效应力的降低。随着开采时间的增加,CH_4 解吸作用对煤储层孔隙度的影响越来越占据主要作用地位,在 CH_4 解吸效应及有效应力效应的共同作用下,煤储层裂隙孔隙度及基质孔隙度均有一定程度的提高,且越靠近生产井其提高越多(图 6-18)。因此,渗透率演化呈现初阶段先降低后提高或者直接提高的演化规律。当注入的 CO_2 开始波及此区域内,渗透率演化规律类似于注 CO_2 开采煤层气时注气井附近区域渗透率演化的规律(图 6-18),从而造成渗透率在后期阶段的逐渐降低。

6.6.2 储层渗透率演化对 CO_2 地质封存的指示意义

CO_2 地质封存工程的实践及推广实现,很大程度上取决于不同注气工艺下储层渗透率的演化分析。前人的研究表明,如果使 CO_2 地质封存的工程具有经济效应,则储层渗透率演化过程中的最低值必须高于 $1\times10^{-3}\,\mu m^2$。CO_2 注入煤层后,储层内渗透率的演化存在两种较为典型的情况[图 6-19(a)]:当注入的 CO_2 压力较低时,储层渗透率的最低值仍然大于 $1\times10^{-3}\,\mu m^2$;当注入的 CO_2 压力较高时,储层渗透率的最低值远小于 $1\times10^{-3}\,\mu m^2$,且渗透率恢复至 $1\times10^{-3}\,\mu m^2$ 时的时间周期较长[图 6-19(a)],此时注入井周围的低渗透率储层区域就会阻碍 CO_2 向远处运移,从而严重影响后续 CO_2 注入。

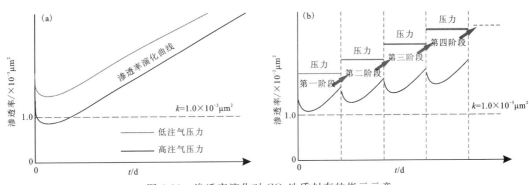

图 6-19 渗透率演化对 CO_2 地质封存的指示示意
(a)不同压力注气下储层渗透率演化;(b)阶段性增压注气法示意

基于对储层渗透率演化规律的分析,阶段性增压注气法不失为 CO_2-ECBM 工程实践的一种新的注气思路(图 6-19),其核心思想为:在注气初期,采用较低的注气压力以确保渗透率最低值大于 $1\times10^{-3}\,\mu m^2$。当渗透率恢复到一定值时,即注气时长大于渗透率恢复时间时,在一定的压力范围内提高气体注入压力再次进行注气并确保渗透率最低值也大于 $1\times10^{-3}\,\mu m^2$。整个 CO_2-ECBM 过程就是一个逐渐增压注气的过程,最终实现 CO_2 的高压注入,并使储层渗透率的最低值始终大于 $1\times10^{-3}\,\mu m^2$,且使渗透率的恢复时间尽可能缩短。CO_2 的高压注入也存在一定的压力界限,并不是越高越好。压力界限的确定应充分评估工程实践区真实的煤储层地质环境。

6.6.3　化学场于 CO_2-ECBM 过程中的反应内涵剖析

CO_2 注入深部碎软低渗煤层,在储层温度和压力下,常以超临界状态存在,极易形成 $ScCO_2$-H_2O-煤岩的地球化学反应体系。注入的 CO_2 驱替孔裂隙中先前存在的流体,并形成 CO_2 与水的混合区域,CO_2 通过气-水界面溶于水后形成碳酸,碳酸快速分解成 H^+ 和 HCO_3^-[式(6-33)]。反应形成的酸性地层水可与煤岩中矿物发生矿物溶解、铝硅酸盐矿物的转化及自生矿物沉淀 3 类地球化学反应。

$$CO_{2(aq)} + H_2O_{(l)} \rightleftharpoons H^+ + HCO_3^- \rightleftharpoons 2H^+ + HCO_3^{2-} \tag{6-33}$$

式中:aq 为水溶液;l 为溶液。

对于以方解石、白云石为代表的碳酸盐矿物而言,在酸性条件下可被溶蚀,并释放出 Ca^{2+} 等离子[式(6-34)~式(6-36)]。方解石的解理处和原始晶面的微起伏处最先被溶蚀,首先形成溶蚀坑和溶蚀带,逐渐形成溶蚀晶锥,并随着反应的进行而消退,进而露出新的方解石晶面;在 CO_2 流体所形成的酸性条件下,白云石中钙优先溶出而镁滞留,形成富镁的表面。

$$CaCO_3 + H^+ \rightleftharpoons Ca^{2+} + HCO_3^- \tag{6-34}$$

$$CaCO_3 + CO_2 + H_2O \rightleftharpoons Ca^{2+} + HCO_3^- \tag{6-35}$$

$$CaCO_3 + H_2O \rightleftharpoons Ca^{2+} + HCO_3^- + OH^- \tag{6-36}$$

对于以黄铁矿为代表的硫化物及石英而言,在酸性条件下也可被溶蚀、溶解,并释放出 Fe^{2+}、HS^- 等离子。黄铁矿的溶蚀溶解过程鲜有文献报道,但有调查发现,高硫天然的 CO_2 储层中有硬石膏存在。黄铁矿的溶蚀形貌、溶解温度、溶解过程、溶解方向等都有待探索。在 150℃以下,石英的溶蚀溶解程度较弱,高于 200℃时溶解程度加强,表面伴生溶蚀坑或溶蚀凹槽。

煤储层连通孔裂隙作为 CO_2-ECBM 过程流体运移的主要通道,如若被矿物质所充填,势必会对 CO_2 的注入及 CH_4 的产出带来负面影响。CO_2-ECBM 过程中,化学场的意义集中体现在对含矿孔裂隙的影响中。含矿孔裂隙的高比例脱矿处理会提高煤储层的孔隙度和渗透率。随着脱矿程度的逐渐增加,连通孔裂隙内的矿物逐渐减少,次生孔隙度逐渐增加,导致孔裂隙孔径逐渐扩大,流体流动的弯曲度逐渐减少,连通性逐渐增加(图 6-20)。基于此,CO_2 的注入效率及 CH_4 的产出效率才能得到保证;碎软低渗煤层内,CO_2 地质封存的有效性才能得到保证。

6.6.4　CO_2-ECBM 技术推广的有效性评估体系构建

CO_2-ECBM 技术工程推广的有效性主要体现在 CO_2 的可注性、CO_2 地质封存的安全性及 CH_4 的可增产性 3 个指标,基于此可提出两淮煤田内 CO_2-ECBM 实施"可注入性、可增产性、可封存性"三元递进地质选址原则及其评估体系构建指标。本次评估体系的构建,3 个指标的权重分别为 30%、40% 及 30%,具体的一、二级评估体系构建指标及其权重见表 6-5。

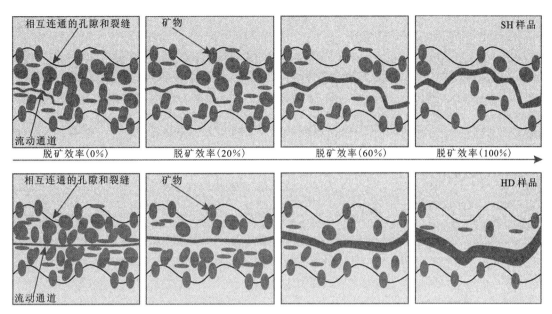

图 6-20 矿物含量变化对煤储层连通孔裂隙的影响

表 6-5 CO_2-ECBM 工程技术推广的有效性估计体系构建一、二级指标及其权重

估计内容	一级指标及其权重	二级指标及其权重
CO_2-ECBM 有效性	CO_2 的可注性,0.3	煤层厚度、结构及其稳定性,0.3~0.5
		煤层渗透性(裂隙、地应力、渗透率),0.3~0.5
	CH_4 的可增产性,0.3	竞争吸附置换性,0.1~0.25
		构造与 CO_2 有效扩展,0.1~0.25
		地下水流场与 CO_2 传递协同,0.1~0.25
		地温场与注入液态 CO_2 有效气化,0.1~0.25
	CO_2 地质封存的安全性,0.4	顶、底板岩性及其封盖性,0.3~0.5
		断层封闭性,0.3~0.5

厚且稳定的煤层才能有效保证 CO_2 的注入量,且煤层结构应简单,避免致密泥质夹矸层影响 CO_2 在煤层中沿纯煤分层扩展、难以整个煤层垂向分散波及;煤层渗透率直接影响注入的 CO_2 进入煤层的速率和效率。煤储层对气体吸附能力由大到小依次为 CO_2、CH_4、N_2,因此煤层 CO_2 吸附能力强于 CH_4;注入 CO_2 扩展范围越广,影响半径越大,越有利于更多煤层甲烷被置换产出;要增大注入 CO_2 煤层运移半径,须考虑煤层倾角、构造和地应力、地下水、地温场与 CO_2 流场协同;一般认为连续具有一定厚度的泥岩、页岩或致密灰岩具有优良封盖性,有利于 CO_2 封存;注入煤层 CO_2 要考虑其长期封存,因此不论是开放性断层还是封闭性断层在将来地质演化中均存在 CO_2 逸散风险。

针对两淮煤田,开展 CO_2-ECBM 技术工程推广有效性评估应遵守如下思路:3 个一级指标内涵最终以"系数相乘后的和"的形式相加即可;对于一级指标下分别对应的各自的二级指标,凡是利于 CO_2-ECBM 技术开展的因素取正值相加,凡是不利于 CO_2-ECBM 技术开展的因素取负值相加,并将二级指标再乘以相关系数后,以和的形式进行相加,其中本次二级指标系数给出的是一个范围,评估者应结合研究区具体的地质背景条件给出具体的系数权重值。基于此,可实现两淮煤田研究靶区内 CO_2-ECBM 技术工程推广研究甜点区的选择与区划。

第7章 碎软低渗煤层 CCUS 源汇匹配及管网优化

CCUS 是复杂且特殊的工业系统，CO_2 排放源与封存汇往往不在同一区域，极易受河流、道路、人口密度、土地利用等因素影响，且 CCUS 项目建设投资成本较大，建成后不易改变，CCUS 项目的最优规划与布局以及合理部署就尤为重要，而这需要首先解决源汇匹配问题。CCUS 源汇匹配问题的本质是优化问题，随着 CCUS 技术发展和碳减排需求日益迫切，规模化和集群化部署成为 CCUS 技术的必然趋势，而科学、合理的源汇匹配是 CCUS 集群部署工程选址的重要依据和 CCUS 管网设计、建设的基础，能够为 CCUS 项目建立高效 CO_2 输运管网、降低减排成本。

本章以淮南煤田各类型地质体（深部不可采煤层、残留煤体、采空区）为研究对象，首先，探讨了各类型地质体 CO_2 地质封存潜力评估方法；其次，分析了各类型地质体 CO_2 地质封存潜力；再次，基于成本最低目标函数及改进节约里程法，开展了 CO_2 地质封存源汇匹配研究，并优化了其管网设计；最后，基于"三步走"思路，对 CCUS 源汇管网规划的设计思路提出了系统建议。研究结果可为我国煤炭基地的 CO_2 封存潜力评价提供参考，为 CCUS 集群部署奠定基础。

7.1 研究区地质背景

基于区域构造角度分析，淮南煤田位于华北板块南缘[7]；东西方向上，煤田边界位于口孜集-南照集断层与新城口-长丰断层之间；南北方向上，煤田边界位于尚塘明-龙山断层与颍上-定远断层之间（图 7-1）。煤田构造形式为近东西向的对冲构造盆地，南、北两侧均为推覆构造组成的叠瓦扇，盆地内部则为较简单的复向斜构造[167]。

含煤地层为上石炭统太原组、下二叠统山西组和下石盒子组，以及上二叠统上石盒子组，总厚度 900m 左右，含煤层约 40 层[11]。单层厚度平均大于 0.7m 的煤层 9~18 层，最大厚度 12m，合计厚度 23~36m，分布在山西组、下石盒子组和上石盒子组下部。煤岩宏观成分以亮煤和半亮煤为主，显微组分中镜质组占 75% 左右；镜质体反射率多处于 0.75%~0.85% 之间[64]。

本研究中 CO_2 的排放源为煤田范围内的十大燃煤电厂（9 个已经投产、1 个计划投产），编号分别为 D1~D10；CO_2 的封存汇可分为三大类：深部不可采煤层、开采井及废弃井剩余残煤

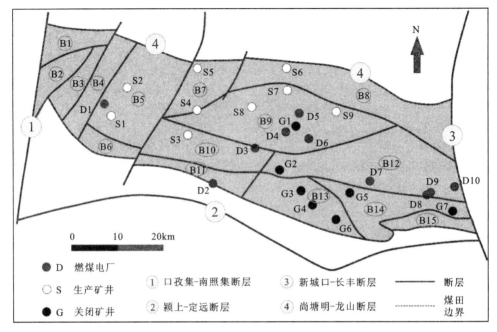

图 7-1 淮南煤田地质背景及其 CO_2 源-汇地质点分布

及采空区。其中,深部不可采煤层以断层为界,编号分别为 B1~B15;生产矿井编号分别为 S1~S9;关闭矿井编号分别为 G1~G7(图 7-1)。

7.2 淮南煤田各类型地质体 CCUS 源汇特征

7.2.1 CO_2 排放源特征

淮南煤田内,CO_2 的排放源为煤田范围内的十大燃煤电厂,其中 9 个已经投产运营,1 个调试完毕,计划投产。基于各发电厂年均发电量统计,可分析出各燃煤电厂年均 CO_2 排放量(表 7-1)

表 7-1 淮南煤田大型燃煤电厂年均 CO_2 排放量估算

编号	燃煤电厂	年均发电量/$(10^8 kW \cdot h)$	年均 CO_2 排放量/$10^6 t$	备注
1	D1	102	8.16	已投产
2	D2	4.45	0.356	已投产
3	D3	96	7.68	已投产
4	D4	28.94	2.315 2	已投产
5	D5	73.57	5.885 6	已投产
6	D6	66	5.28	拟投产

续表 7-1

编号	燃煤电厂	年均发电量/(10^8kW·h)	年均CO_2排放量/10^6t	备注
7	D7	214	17.12	已投产
8	D8	19.32	1.545 6	已投产
9	D9	60.23	4.818 4	已投产
10	D10	70	5.6	已投产
合计		734.51	58.760 8	—

由表 7-1 可知,各燃煤电厂年均 CO_2 排放量差异性较大,介于 $(0.356～17.12)×10^6$ t 之间,其中 D7 电厂年均 CO_2 排放量高达 $17.12×10^6$ t,约占各电厂年均 CO_2 排放总量的 30%。各燃煤电厂年均 CO_2 排放量合计为 $58.760 8×10^6$ t,其中含拟投产 D6 电厂排放 $5.28×10^6$ t。

7.2.2 CO_2 封存汇特征

淮南煤田内,深部不可采煤层煤炭探明储量 60.2 亿 t,其中埋深 1500m 以内煤炭储量 19.9 亿 t,埋深大于 1500m 煤炭储量 40.3 亿 t;生产矿井 9 座,即 S1～S9(图 7-1),其煤炭探明储量 77.18 亿 t,其中可采储量 40.78 亿 t。目前,累计生产煤炭储量 8.08 亿 t,已生产煤炭 5.55 亿 t。因此,煤炭回采率为 68.69%,产煤储量剩余煤储量为 2.53 亿 t[图 7-2(a)];关闭矿井 7 座,即 G1～G7(图 7-1),探明煤炭总储量 23.847 6 亿 t,产煤 4.556 3 亿 t,剩余煤炭总储量 19.26 亿 t[图 7-2(b)]。

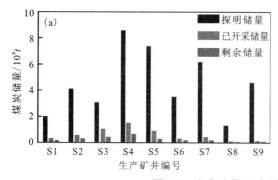
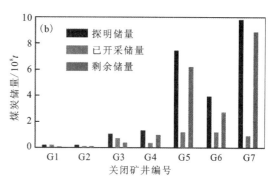

图 7-2 生产矿井(a)与关闭矿井(b)煤炭开采现状

7.3 CO_2 地质封存潜力评估

7.3.1 CO_2 地质封存潜力评估参数

本次 CO_2 地质封存潜力评估,其核心参数主要来源于研究区相关工程数据、试验数据、实验数据及科研论文(表 7-2)。

表 7-2 CO_2 地质封存潜力评估核心参数

地质体	含义	数值	单位
深部不可采煤层	埋深1000～1500m煤炭探明储量	$1.99×10^9$	t
	埋深1500～2000m煤炭探明储量	$4.03×10^9$	t
	地层压力梯度	1.08	MPa/100m
	地层地温梯度	3.10	℃/100m
	地层恒温带深度	30.00	m
	地层恒温带温度	298.95	K
	CO_2临界压力	7.38	MPa
	CO_2临界温度	304.21	K
	CO_2临界密度	$0.45×10^3$	kg/m^3
	埋深1000～1500m时CO_2的最大吸附量	26.36	m^3/t
	埋深1500～2000m时CO_2的最大吸附量	21.98	m^3/t
	煤层孔隙度	3.89	%
	煤储层内水相饱和度	70.00	%
	煤储层内气相饱和度	60.00	%
	煤层真实密度	1.45	kg/m^3
	煤层视密度	1.62	kg/m^3
残留煤体	废弃井内煤炭剩余储量	$1.93×10^9$	t
	生产井内煤炭剩余储量	$2.52×10^9$	t
	残存煤储层内煤层气含量	8.01	m^3/t
	煤层气的兰格缪尔压力	3.03	MPa
	煤层气临界解吸压力	1.08	MPa
	煤层气采收因子	0.50	—
	CO_2驱替CH_4体积比	3.00	—
采空区	废弃井内煤炭已开采量	$4.58×10^8$	t
	生产井内煤炭已开采量	$5.55×10^8$	t
	采空区面积	$5.40×10^7$	m^2
	煤层平均开采厚度	4.58	m
	煤层平均开采深度	800.00	m
	地表沉降系数	0.81	—
	上覆地层的平均密度	$2.00×10^3$	kg/m^3

对于淮南煤田,其煤炭开采深度介于200～1000m之间。因此,生产矿井及废弃矿井的煤层埋深小于1000m,深部不可采煤层埋深大于1000m。对于深部不可采煤层,埋藏深度小于1500m

的探明储量为煤炭勘探所得,埋藏深度大于1500m的探明储量为自然资源管理部门预测储量。本研究中地温梯度为3.10℃/100m;煤层埋深小于1000m时,压力梯度为0.95MPa/100m;煤层埋深大于1000m时,压力梯度为1.08MPa/100m。生产和关闭矿井残留煤的煤层气含量可采用埋深小于1000m煤层的平均煤层气含量。CO_2地质封存潜力评估其余核心参数详见表7-2。

7.3.2 深部不可采煤层 CO_2 地质封存潜力评估

淮南煤田深部不可采煤层CO_2地质封存潜力巨大,总量为7.62亿t。其中,吸附态、自由态、溶解态CO_2分别可被封存6.85亿t、0.53亿t、0.24亿t。深部不可采煤层CO_2地质封存以吸附态最占优势,其占封存总量的89.895%。煤层埋深小于1500m与大于1500m时,其CO_2地质封存总量分别为2.53亿t、5.10亿t,分别占封存总量的33.17%、66.83%。不论CO_2呈何种状态被封存,埋深大于1500m时的CO_2封存量总大于埋深小于1500m同一状态下的CO_2封存量(表7-3)。

表7-3 深部不可采煤层 CO_2 封存潜力评估结果

埋深/m	吸附态/10^8 t	自由态/10^8 t	溶解态/10^8 t	CO_2地质封存总量/10^8 t
1000~1500	2.29	0.16	0.08	2.53
1500~2000	4.57	0.37	0.16	5.10
合计	6.85	0.53	0.24	7.62

当煤层埋深大于1500m与小于1500m时,其煤炭探明储量分别为40.3亿t、19.9亿t,比值为2.025。对于CO_2地质封存总量及其吸附态、自由态、溶解态,煤层埋深大于1500m与小于1500m时,其比值分别为2.016、1.996、2.312及2.000。CO_2地质封存总量及其吸附态总量比值低于2.025的主要原因在于,虽然深部不可采煤层CO_2地质封存潜力与煤炭探明储量呈正相关关系,但埋深小于1500m时的CO_2最大吸附量远大于埋深大于1500m时的CO_2最大吸附量。随着埋深的增加,储层压力逐渐增大,储层孔裂隙结构内自由态CO_2封存潜力逐渐增大,使得自由态CO_2比值远远大于2.025。

7.3.3 残留煤体 CO_2 地质封存潜力评估

淮南煤田内,生产矿井、关闭矿井内的煤炭残留储量分别为2.52亿t、19.30亿t,CO_2封存潜力分别为59.87万t、457.60万t(表7-4、表7-5)。

表7-4 生产矿井内残留煤体 CO_2 封存潜力评估结果

生产矿井	S1	S2	S3	S4	S5	S6	S7	S8	S9	合计
煤炭残留储量/10^8 t	0.43	0.18	0.72	0.31	0.21	0.078	0.074	0.33	0.19	2.52
CO_2封存潜力/10^4 t	10.11	4.31	17.11	7.34	5.04	1.86	1.76	7.72	4.62	59.87

表 7-5 关闭矿井内残留煤体 CO_2 封存潜力评估结果

关闭矿井	G1	G2	G3	G4	G5	G6	G7	合计
煤炭残留储量/10^8t	8.84	1.00	2.72	6.18	0.036	0.38	0.10	19.30
CO_2 封存潜力/10^4t	210.00	23.81	64.65	146.82	0.853	9.09	2.40	457.60

生产矿井 S3 煤炭残留储量及 CO_2 封存潜力最优,分别为 0.72 亿 t、17.11 万 t,占比均为 28.57%(表 7-4)。关闭矿井 G1 煤炭残留储量及 CO_2 封存潜力最优,分别为 8.84 亿 t、210.00 万 t,占比均为 45.80%(表 7-5)。

7.3.4 采空区 CO_2 地质封存潜力评估

淮南煤田内,生产矿井、关闭矿井内的煤炭已开采量分别为 5.56 亿 t、4.59 亿 t,CO_2 封存潜力分别为 0.451 9 亿 t、0.372 7 亿 t(表 7-6、表 7-7)。基于淮南煤田 7 个废弃矿井采空区总的 CO_2 封存能力分析,每开采 1 个单位质量煤,采空区封存 CO_2 的质量约为 0.081 2t;淮南煤田 9 个生产矿井的煤炭总量为 5.56 亿 t,则 9 个生产矿井采空区 CO_2 封存总量约为 0.45 亿 t(表 7-6、表 7-7)。

表 7-6 生产矿井内采空区 CO_2 封存潜力评估结果

生产矿井	S1	S2	S3	S4	S5	S6	S7	S8	S9	合计
煤炭已开采量/10^8t	1.10	0.34	1.53	0.90	0.45	0.17	0.12	0.60	0.35	5.56
CO_2 封存潜力/10^6t	8.98	2.76	12.41	7.30	3.70	1.39	0.96	4.87	2.82	45.19

表 7-7 关闭矿井内采空区 CO_2 封存潜力评估结果

关闭矿井	G1	G2	G3	G4	G5	G6	G7	合计
煤炭已开采量/10^8t	0.90	0.32	1.21	1.22	0.15	0.70	0.09	4.59
CO_2 封存潜力/10^6t	10.52	3.34	8.48	6.80	2.62	3.51	2.00	37.27

生产矿井 S1 已开采煤炭储量及 CO_2 封存潜力最优,分别为 1.10 亿 t、898 万 t,占比均为 19.78%(表 7-6)。关闭矿井 G1 已开采煤炭储量及 CO_2 封存潜力最优,分别为 0.90 亿 t、0.105 2 亿 t,占比分别为 19.61%、28.23%(表 7-7)。

7.4 CCUS 源汇匹配结果

7.4.1 各类型地质体 CO_2 封存潜力比较

淮南煤田内,深部不可采煤层、残留煤体及采空区内 CO_2 地质封存总潜力分别为 7.62 亿 t、0.051 7 亿 t、0.824 6 亿 t(表 7-7)。因此,深部不可采煤层对于 CO_2 地质封存具有绝对的优势,其次是采空区,其占比分别为 89.69%、9.71%(表 7-7)。对于淮南煤田内十大燃煤电厂的年均 CO_2 排放量,深部不可采煤层、残留煤体及采空区内分别可封存 12.97a、0.088a 及 1.40a。因此,深部不开采煤层是淮南煤田最具潜力的 CO_2 封存地质体,而 CO_2 强化煤层气开采(CO_2-ECBM)是最有前途的 CO_2 地质处置方式。埋深小于 1500m 的不可采煤层可满足十大燃煤电厂 4.31a 的 CO_2 地质封存需求。考虑到不同埋深煤层 CO_2 封存的技术挑战和实施成本,未来 5a 埋深小于 1500m 的不可采煤层应是 CO_2-ECBM 技术实施的主要目标储层。

7.4.2 深部不可采煤层 CCUS 源汇匹配

以断层构造为界,可将深部不可采煤层划分为 15 个 CO_2 封存区块(图 7-3),其中最大的 2 个区块可封存十大燃煤电厂近 4a 的 CO_2 排放量。由前期潜力评估分析可知,对于淮南煤田内十大燃煤电厂的年均 CO_2 排放量,深部不可采煤层内分别可封存 12.97a。因此,本研究对于深部不可采煤层,以淮南煤田内十大燃煤电厂 10a 累计 CO_2 排放量进行 CCUS 源汇匹配研究。

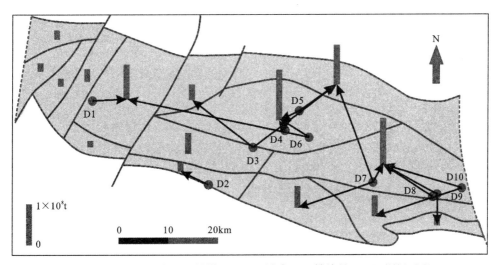

图 7-3 淮南煤田内十大燃煤电厂 10a 累计 CO_2 排放量 CCUS 源汇匹配

基于淮南煤田内十大燃煤电厂 10a 累计 CO_2 排放量 CCUS 源汇匹配结果可知:燃煤电厂 D1 主要封存于区块 B5,封存量为 0.816 亿 t;燃煤电厂 D2 主要封存于区块 b11,封存量为 0.035 6 亿 t;燃煤电厂 D3 主要封存于区块 B7、B8,封存量分别为 0.384 亿 t、0.384 亿 t;燃煤电厂 D4 主要封存于区块 B9,封存量为 0.232 亿 t;燃煤电厂 D5 主要封存于区块 B8、B9,封存量分别为 0.413 亿 t、0.547 亿 t;燃煤电厂 D6 主要封存于区块 B5、B9,封存量分别为 0.677 亿 t、0.460 亿 t;燃煤电厂 D7 主要封存于区块 B8、B12、B13,封存量分别为 0.544 亿 t、0.633 亿 t、0.535 亿 t;燃煤电厂 D8 主要封存于区块 B12,封存量为 0.155 亿 t;燃煤电厂 D9 主要封存于区块 B12、B15,封存量分别为 0.314 亿 t、0.168 亿 t;燃煤电厂 D10 主要封存于区块 B12、B14,封存量分别为 0.416 亿 t、0.518 亿 t(图 7-4)。10a 周期,深部不可采煤层 CO_2 可封存 5.876 亿 t,累计规划管道 217.096 0km,需要累计投入资金 $3.73×10^{10}$ 美元。

7.4.3 生产矿井及关闭矿井 CCUS 源汇匹配

不管残留煤体还是采空区,单个生产矿井或关闭矿井封存 CO_2 的潜力皆有限。对于淮南煤田内十大燃煤电厂的年均 CO_2 排放量,残留煤体及采空区内累计可封存 1.488a。因此,本研究对于生产矿井及关闭矿井,以淮南煤田内十大燃煤电厂 1.45a 累计 CO_2 排放量进行 CCUS 源汇匹配研究(图 7-4)。

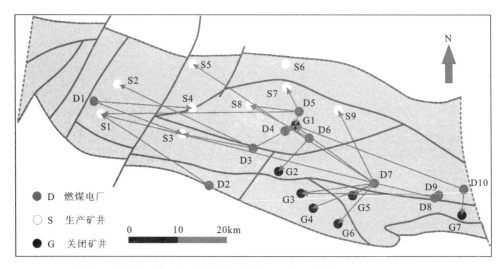

图 7-4 淮南煤田内十大燃煤电厂 1.45a 累计 CO_2 排放量 CCUS 源汇匹配

基于淮南煤田内十大燃煤电厂 1.45a 累计 CO_2 排放量 CCUS 源汇匹配结果可知:燃煤电厂 D1 主要封存于生产矿井 S3、S4,封存量分别为 0.044 6 亿 t、0.073 7 亿 t;燃煤电厂 D2 主要封存于生产矿井 S1,封存量为 0.005 2 亿 t;燃煤电厂 D3 主要封存于生产矿井 S2、S3、关闭矿井 G1,封存量分别为 0.028 0 亿 t、0.081 2 亿 t、0.002 1 亿 t;燃煤电厂 D4 主要封存于关闭矿井 G1,封存量分别为 0.033 8 亿 t;燃煤电厂 D5 主要封存于生产矿井 S1、S7、关闭矿井 G1,封存量分别为 0.053 0 亿 t、0.009 8 亿 t、0.022 6 亿 t;燃煤电厂 D6 主要封存于生产矿井 S8、关闭矿井 G1,封存量分别为 0.049 5 亿 t、0.007 0 亿 t;燃煤电厂 D7 主要封存于生产矿井 S5、S9、关闭矿井 G2~G6,封存量分别为 0.037 5 亿 t、0.028 7 亿 t、0.035 8 亿 t、0.001 3 亿 t、0.082 7 亿 t、0.026 3 亿 t、0.036 0 亿 t;燃煤电厂 D8 主要封存于生产矿井 S1,封存量为 0.022 4 亿 t;燃煤电厂 D9 主要封存于关闭矿井 G3,封存量为 0.069 9 亿 t;燃煤电厂 D10 主要封存于关闭矿井 G1、G7,封存量分别为 0.061 0 亿 t、0.020 2 亿 t(图 7-4)。1.45a 周期,生产矿井及关闭矿井 CO_2 可封存 0.852 亿 t,累计规划管道长度 464.516 1 km,需要累计投入资金 7.36×10^9 美元。其中,捕集、运输、封存 CO_2 所需资金分别为 5.48×10^9 美元、1.40×10^9 美元、0.48×10^9 美元,分别占 CCUS 源汇匹配累计投入资金的 74.48%、19.05%、6.47%。

7.5 CCUS 源汇匹配管网优化

7.5.1 CCUS 源汇匹配管网分析

对于深部不可采煤层,其并没有固定的生产矿井及关闭矿井。因此,本研究主要对燃煤电厂、生产矿井及关闭矿井内 CCUS 的源汇匹配管网进行分析及优化。

基于生产矿井及关闭矿井 CCUS 源汇匹配管网分析可知:管道 8、14、21、23 的运输线路较长,占总运输路线长度的 40.49%(图 7-5)。因为运输成本与运输路线成正比,所以,优化管道 8、14、21、23 的运输线路长度,对于总成本的降低至关重要。

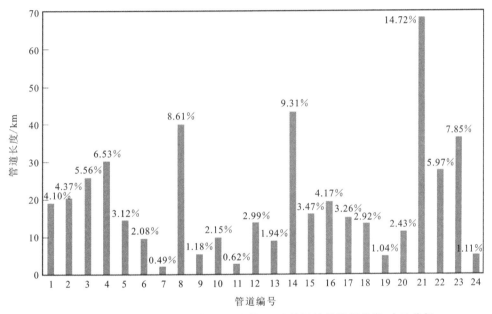

图 7-5 生产矿井及关闭矿井 CCUS 源汇匹配管网编号及其长度、占比分析

基于生产矿井及关闭矿井 CCUS 源汇匹配各 CO_2 封存汇运输成本及其占比分析可知:封存汇生产矿井 S1、S3 与关闭矿井 G1、G3 运输成本最高,分别占各 CO_2 封存汇运输总成本的 35.23%、8.24% 与 19.14%、9.73%。4 个 CO_2 封存运输成本占各 CO_2 封存汇运输总成本的 72.34%。因此,生产矿井 S1、S3 与关闭矿井 G1、G3 将会是 CCUS 源汇匹配管网优化的重点。

7.5.2 CCUS 源汇匹配管网优化

基于改进的节约里程法,可得到淮南煤田十大燃煤电厂与生产矿井、关闭矿井的地质体间 CCUS 源汇匹配管网优化结果(图 7-7)。其中,未变动管网路径主要为 D1—S3、D3—S3、D4—G1、D5—S7、D5—G1、D7—G5(图 7-7),其他各源汇点之间的路径皆以总的运输成本最小为目标函数,根据排放源的排放量、封存汇的封存能力的限制等为约束条件进行管网优化(图 7-7)。

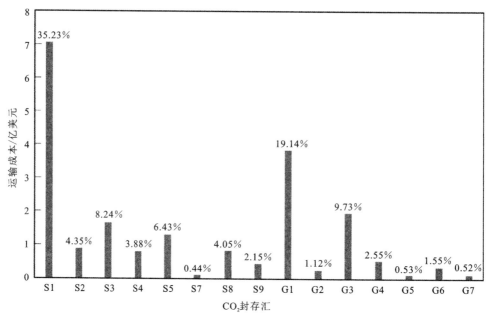

图 7-6　生产矿井及关闭矿井 CCUS 源汇匹配各 CO_2 封存汇运输成本及其占比

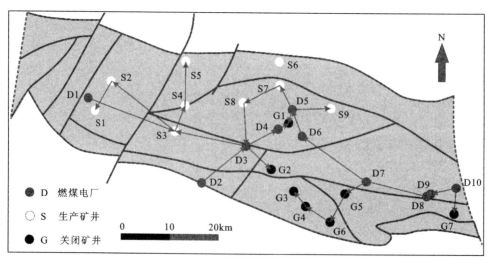

图 7-7　淮南煤田 CCUS 源汇匹配管网优化结果

基于淮南煤田 CCUS 源汇匹配管网优化结果分析可知：CCUS 源汇匹配各个地质封存汇点累计节约里程 266.612 677 3km，累计节约成本 1.121×10^9 美元，分别占管道运输总里程、总成本的 57.40%、79.95%（表 7-8）。其中，生产矿井 S1、关闭矿井 G1 节约里程及成本比较明显，分别占管道运输总里程、总成本的 20.42%、34.04% 与 8.02%、13.29%（表 7-8），对图 7-7 需要重点优化的地质封存汇点管网有很好地呼应。

表 7-8 CCUS源汇匹配各个地质封存汇点累计节约里程及成本结果

CCUS封存汇	节约里程/km	节约成本/亿美元	占运输总距离比例/%	占运输总成本比例/%
S1	94.838 70	4.773	20.42	34.04
S2	14.193 40	0.370	3.06	2.64
S3	26.774 20	1.281	5.76	9.14
S4	14.838 70	0.545	3.19	3.89
S5	34.516 10	0.998	7.43	7.12
S8	9.677 43	0.293	2.08	2.09
S9	8.064 52	0.197	1.74	1.41
G1	37.258 10	1.863	8.02	13.29
G2	2.258 06	0.050	0.49	0.36
G3	11.290 30	0.432	2.43	3.08
G4	7.741 90	0.272	1.67	1.94
G6	5.161 29	0.129	1.11	0.92
合计	266.613	11.210	57.40	79.95

7.6 CCUS源汇匹配管网规划设计思路

分析淮南煤田CCUS源汇匹配管网优化结果及各管网线路运输CO_2的量可知:沟通淮南煤田东西方向的 D9—D8—D7—D6—D5—S7—S8—D3—S3 管网线路是CO_2运输量最大线路,如图7-8所示,图中路线越粗表征运输量越大。CCUS源汇匹配管网规划设计思路应参考此运输线路的粗细,即运输CO_2量的多少开展规划(图7-9～图7-11)。

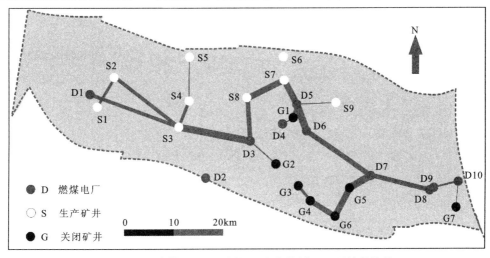

图 7-8 淮南煤田CCUS源汇匹配各管网CO_2运输量统计

本次淮南煤田CCUS源汇匹配管网规划设计建议按照"三步走"思路。

第一步：建议优先规划管道线路为：D9—D8—D7—D6—D5—S7—S8—D3—S3，此规划管道能将淮南煤田东西方向部分燃煤电厂（D9、D8、D7、D6、D5、D3）、生产矿井（S3、S7、S8）进行有效连通（图7-9）。此阶段管网规划可运输CO_2总量为61 377 920t，可封存CO_2总量为18 505 900t，分别占CO_2总运输量、总封存量的72.04%、21.72%。

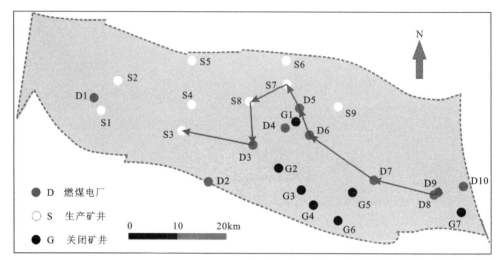

图7-9 CCUS源汇匹配管网规划设计"三步走"思路（第一步）

第二步：建议优先规划管道线路为S3—S4、S3—S2、S2—S1、D1—S3、D7—G5、G5—G6、G6—G4，此规划管道能进一步有效连通淮南煤田西部及南部各燃煤电厂、生产矿井及关闭矿井（图7-10）。此阶段管网规划后可累计运输CO_2总量为73 209 920t，可累计封存CO_2总量为52 261 130t，分别占CO_2总运输量、总封存量的85.92%、61.34%。

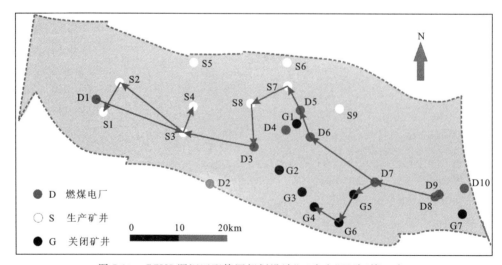

图7-10 CCUS源汇匹配管网规划设计"三步走"思路（第二步）

第三步：建议优先规划管道线路为S4—S5、D2—D3、D3—D4、D4—G1、D5—G1、D5—S9、D3—G2、G4—G3、D10—D9、D10—G7，此规划管道能进一步有效连通淮南煤田东部及南、北部各燃煤电厂、生产矿井及关闭矿井(图 7-11)。此阶段管网规划后可全线贯通淮南煤田各 CO_2 排放源及 CO_2 封存汇,可实现 CO_2 的全部运输及地质封存。

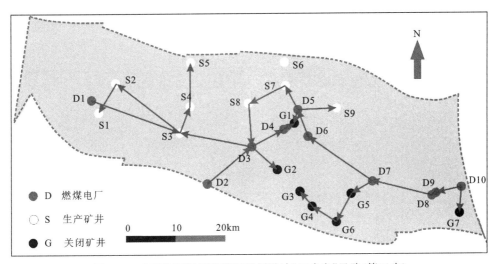

图 7-11 CCUS 源汇匹配管网规划设计"三步走"思路(第三步)

主要参考文献

[1] 张文永,朱文伟,窦新钊,等.两淮煤田煤系天然气勘探开发研究进展[J].煤炭科学技术,2018,46(1):245-251,237.

[2] 姚铭楷,邵龙义,侯海海,等.两淮煤田煤储层吸附孔孔隙结构及分形特征[J].中国煤炭地质,2018,30(1):30-36,47.

[3] 方婷.安徽淮北煤田构造特征和形成机制[D].南京:南京大学,2020.

[4] 随峰堂,窦新钊.两淮煤田煤系非常规天然气的系统研究及其意义[J].山西煤炭,2016,36(5):18-20,39.

[5] 吴盾,张文永,朱文伟,等.淮南煤田太原组煤系非常规油气勘探开发技术[J].煤田地质与勘探,2017,45(4):13-18.

[6] 刘峻麟.碎软低渗煤层CO_2-ECBM过程气体吸附解吸-扩散-渗流特征及煤岩物性响应机理[D].合肥:安徽理工大学,2024.

[7] LIU H H,LIU J L,XUE S,et al. Insight into difference in high-pressure adsorption-desorption of CO_2 and CH_4 from low permeability coal seam of Huainan-Huaibei coalfield,China[J]. Journal of Environmental Chemical Engineering,2022,10(6):108846.

[8] 韩树棻,朱彬,文凯.淮北地区浅层煤成气的形成条件及资源评价[M].北京:地质出版社,1993.

[9] 刘春,孙贵,陈伯年,等.安徽省煤层气勘查开发进展与发展方向[J].安徽地质,2022,32(2):188-192.

[10] 安徽省煤田地质局勘查研究院.安徽省煤层气资源勘查、开发、利用规划（2015—2020）[R].合肥:安徽省煤田地质局勘查研究院,2015.

[11] 詹润,张文永,傅先杰,等.淮南煤田新集与罗连井田逆冲推覆构造变形差异性特征及对煤层气赋存的影响[J].地球科学与环境学报,2022,44(5):750-764.

[12] 赵志义,张文永,孙贵,等.两淮含煤岩系煤层气与页岩气富集特征及共采选区评价[J].安徽地质,2019,29(3):179-183.

[13] 窦新钊,章云根,张文永,等.淮南煤田刘庄煤矿深部煤层气地质特征[J].中国煤炭地质,2020,32(1):48-51.

[14] 胡广青,易小会.两淮煤田煤储层含气特征及影响因素分析[J].西部资源,2019(6):42-43.

[15] 方佳伟,韩保山,杜新锋.祁东井田7_1煤层煤层气开发潜力评价[J].能源与环保,

2020,42(4):118-123.

[16] 汪宏志.宿南矿区祁东煤矿煤层含气量和组分特征及其影响因素分析[J].安徽地质,2023,33(1):6-10.

[17] 王晨,唐书恒,王振云,等.淮北矿区煤层气资源勘查潜力评价[J].中国煤炭地质,2014,26(10):22-26.

[18] 李平华,赵师庆.两淮煤田石炭—二叠纪煤系气源岩的有机岩石学特征[J].淮南矿业学院学报,1989(03):23-35,51.

[19] 赵师庆,李平华.两淮煤田石炭二叠煤系的有机地球化学特征[J].淮南矿业学院学报,1989(3):36-51.

[20] 张文永,窦新钊,刘桂建,等.淮南潘谢矿区深部煤系烃源岩地球化学特征与成烃潜力[J].煤炭学报,2020,45(2):731-739.

[21] 詹润,张文永,窦新钊.淮南煤田构造演化与煤系天然气成藏[J].中国煤炭地质,2017,29(10):23-29.

[22] 王战锋.低渗松软煤层地面煤层气开发试验及评价:以淮北矿区芦岭煤矿为例[J].中国煤炭地质,2013,25(6):20-23.

[23] JIANG B,LI M,QU Z H,et al. Current research status and prospect of tectonically deformed coal[J]. Advances in Earth Science,2016,31(4):335.

[24] 章云根.淮南煤田构造煤发育特征分析[J].能源技术与管理,2005,(3):5-7.

[25] 陈富勇.淮北矿区芦岭煤矿构造煤发育特征[J].中国煤炭地质,2008(2):12-14.

[26] 陈富勇,李翔.淮北芦岭煤矿构造煤发育特征及成因探讨[J].中国煤炭地质,2009,21(6):17-20.

[27] 张瑞刚,方李涛,胡波,等.朱仙庄矿构造煤结构及其孔隙特征[J].煤田地质与勘探,2015,43(4):6-10,16.

[28] 郭德勇,揣筱升,张建国,等.构造应力场对煤与瓦斯突出的控制作用[J].煤炭学报,2023,48(8):3076-3090.

[29] YAO H F,KANG Z,LI W. Deformation and reservoir properties of tectonically deformed coals[J]. Petroleum Exploration and Development,2014,41(4):460-467.

[30] PAN J N,HOU Q L,JU Y W,et al. Coalbed methane sorption related to coal deformation structures at different temperatures and pressures[J]. Fuel,2012,102:760-765.

[31] QU Z H,WANG G,JIANG B,et al. Experimental study on the porous structure and compressibility of tectonized coals[J]. Energy & Fuels,2010,24(5):2964-2973.

[32] 桑树勋,韩思杰,周效志,等.华东地区深部煤层气资源与勘探开发前景[J].油气藏评价与开发,2023,13(4):403-415.

[33] 窦新钊,张文永,孙贵,等.淮南煤田连塘李井田煤层气地质特征[J].中国煤炭地质,2019,31(11):31-36,49.

[34] 陈资平.安徽两淮煤田浅成天然气资源的储、盖条件[J].淮南矿业学院学报,1989(3):59-65,125-126.

[35] 王永建,潘建旭,刘咸卫.淮北煤田煤成气低渗砂岩储层综合评价研究[J].煤炭科学技术,2019,47(5):187-192.

[36] 朱文伟,张品刚,张继坤,等.安徽省两淮煤田控煤构造样式研究[J].中国煤炭地质,2011,23(8):49-52.

[37] 韦重韬,姜波,傅雪海,等.宿南向斜煤层气地质演化史数值模拟研究[J].石油学报,2007,3(1):54-57.

[38] 武昱东,琚宜文,侯泉林,等.淮北煤田宿临矿区构造-热演化对煤层气生成的控制[J].自然科学进展,2009,19(10):1134-1141.

[39] 齐瑞,胡友彪,吴亚萍.刘庄煤矿矿井水文地质类型划分[J].淮南职业技术学院学报,2017,17(1):14-16.

[40] 侯海海.基于瓦斯赋存构造逐级控制理论的潘一煤矿地质特征[J].煤矿安全,2014,45(3):150-152.

[41] 董致成,冯松宝,闫顺风.煤的不同显微组分傅里叶红外光谱特征研究:以任楼煤矿为例[J].伊犁师范学院学报(自然科学版),2020,14(4):46-52.

[42] 张旭刚,郭然.任楼煤矿矿井地质构造规律研究[J].煤炭科学技术,2009,37(12):103-106.

[43] LIU S Q,SANG S S,WANG G,et al. FIB-SEM and X-ray CT characterization of interconnected pores in high-rank coal formed from regional metamorphism[J]. Journal of Petroleum Science and Engineering,2017,148:21-31.

[44] 马勇,钟宁宁,黄小艳,等.聚集离子束扫描电镜(FIB-SEM)在页岩纳米级孔隙结构研究中的应用[J].电子显微学报,2014,33(3):251-256.

[45] 马勇,钟宁宁,程礼军,等.渝东南两套富有机质页岩的孔隙结构特征:来自FIB-SEM的新启示[J].石油实验地质,2015,37(1):109-116.

[46] 杨延辉,刘世奇,桑树勋,等.基于三维空间表征的高阶煤连通孔隙发育特征[J].煤炭科学技术,2016,44(10):70-76.

[47] 刘世奇,桑树勋,王鑫,等.沁水盆地南部高阶煤储层结构三维数字化表征[C]//2016年煤层气学术研讨会论文集,2016.

[48] 刘书培.沁水盆地南部高阶煤储层CO_2-ECBM流体连续性过程模拟研究[D].徐州:中国矿业大学,2017.

[49] 方辉煌,桑树勋,刘世奇,等.基于微米焦点CT技术的煤岩数字岩石物理分析方法研究-以沁水盆地伯方3号煤为例[J].煤田地质与勘探,2018,46(5):167-174.

[50] YAO Y B,LIU D M,CHE Y,et al. Non-destructive characterization of coal samples from China using microfocus X-ray computed tomography[J]. International Journal of Coal Geology,2009,80(2):113-123.

[51] HANKE R,BÖBEL F. Determination of material flaw size by intensity evaluation of polychromatic X-ray transmission[J]. Ndt & E International,1992,25(2):87-93.

[52] 彭光含,杨学恒,韩忠,等.连续谱X射线在ICT中的能谱硬化修正模型[J].光谱学

与光谱分析,2005(11):138-141.

[53] FANG H H,WANG Z F,SANG S S,et al. Correlation Evaluation and Schematic Analysis of Influencing Factors Affecting Pore and Fracture Connectivity on the Microscale and Their Application Discussion in Coal Reservoir Based on X-ray CT Data[J]. ACS omega,2023,8(13):11852-11867.

[54] FANG H H,SANG S S,LIU S Q. Methodology of three-dimensional visualization and quantitative characterization of nanopores in coal by using FIB-SEM and its application with anthracite in Qinshui basin[J]. Journal of Petroleum Science and Engineering,2019,182:106285.

[55] HOLZER L,MUENCH B,WEGMANN M,et al. FIB - nanotomography of particulate systems—Part I:Particle shape and topology of interfaces[J]. Journal of the American Ceramic Society,2006,89(8):2577-2585.

[56] GABOREAU S,ROBINET J C,PRÊT D. Optimization of pore-network characterization of a compacted clay material by TEM and FIB/SEM imaging[J]. Microporous and Mesoporous Materials,2016,224:116-128.

[57] ZHOU S D,LIU D M,CAI Y D,et al. 3D characterization and quantitative evaluation of pore-fracture networks of two Chinese coals using FIB-SEM tomography[J]. International Journal of Coal Geology,2017,174:41-54.

[58] LIU D M,QIU F,LIU N,et al. Pore structure characterization and its significance for gas adsorption in coals:A comprehensive review[J]. Unconventional Resources,2022,2:139-157.

[59] HEMES S,DESBOIS G,URAI J L,et al. Multi-scale characterization of porosity in boom clay (HADES Level,Mol,Belgium) using a combination of X-ray m-CT,2D BIB-SEM and FIB-SEM Tomography[J]. Microporous Mesoporous Mater,2015,208:1-20.

[60] ZHOU S W,YAN G,XUE H Q,et al. 2D and 3D nanopore characterization of gas shale in Longmaxi formation based on FIB-SEM[J]. Marine and Petroleum Geology,2016,73:174-180.

[61] 孙亮,王晓琦,金旭,等. 微纳米孔隙空间三维表征与连通性定量分析[J]. 石油勘探与开发,2016,43(3):490-498.

[62] WANG M,HUANG K,XIE W D,et al. Current research into the use of supercritical CO_2 technology in shale gas exploitation[J]. International Journal of Mining Science and Technology,2019,29(5):739-744.

[63] ZHOU G,ZHANG Q,BAI R N,et al. Characterization of coal micro-pore structure and simulation on the seepage rules of low-pressure water based on CT scanning data[J]. Minerals,2016,6(3):1-16.

[64] NI X M,MIAO J,LV R S,et al. Quantitative 3D spatial characterization and flow simulation of coal macropores based on mu CT technology[J]. Fuel,2017,200:199-207.

[65] JING D, MENG X, GE S, et al. Reconstruction and seepage simulation of a coal pore-fracture network based on CT technology[J]. PloS one, 2021, 16(6): e0252277.

[66] 朱洪林. 低渗砂岩储层孔隙结构表征及应用研究[D]. 成都: 西南石油大学, 2014.

[67] YUAN C, CHAREYRE B, DARVE F. Pore-scale simulations of drainage in granular materials: Finite size effects and the representative elementary volume[J]. Advances in Water Resources, 2015, 95: 109-24.

[68] HARPREET S. Representative Elementary Volume (REV) in spatio-temporal domain: A method to find REV for dynamic pores[J]. Journal of Earth Science, 2017, 28(2): 391-403.

[69] VIK B, BASTESEN E, SKAUGE A. Evaluation of representative elementary volume for a vuggy carbonate rock-Part: Porosity, permeability, and dispersivity[J]. Journal of Petroleum Science and Engineering, 2013, 112(3): 36-47.

[70] SILIN D, PATZEK T. Pore space morphology analysis using maximal inscribed spheres[J]. Physica A Statistical Mechanics & Its Applications, 2006, 371(2): 336-360.

[71] SOK R M, KNACKSTEDT M A, SHEPPARD A P, et al. Direct and stochastic generation of network models from tomographic images: effect of topology on residual saturations[J]. Transport in Porous Media, 2002, 46: 345-371.

[72] 王晨晨, 姚军, 杨永飞, 等. 碳酸盐岩双孔隙数字岩心结构特征分析[J]. 中国石油大学学报(自然科学版), 2013, 37(2): 71-74.

[73] 崔利凯, 孙建孟, 闫伟超, 等. 基于多分辨率图像融合的多尺度多组分数字岩心构建[J]. 吉林大学学报(地球科学版), 2017, 47(6): 1904-1912.

[74] 陈彦君, 苏雪峰, 王钧剑, 等. 基于X射线微米CT扫描技术的煤岩孔裂隙多尺度精细表征: 以沁水盆地南部马必东区块为例[J]. 油气地质与采收率, 2019, 26(5): 66-72.

[75] 张磊, 李菁华, 郭鲁成, 等. 含瓦斯烟煤CO_2置换吸附行为与形变特性研究[J]. 中国矿业大学学报, 2022, 51(5): 901-913.

[76] ZHU Q L, WANG C G, FAN Z H, et al. Optimal matching between CO_2 sources in Jiangsu province and sinks in Subei-Southern South Yellow Sea basin, China[J]. Greenhouse Gases: Science and Technology, 2019, 9(1): 95-105.

[77] LIU S Q, LIU T, ZHENG S J, et al. Evaluation of carbon dioxide geological sequestration potential in coal mining area[J]. International Journal of Greenhouse Gas Control, 2023, 122: 103814.

[78] XU H J, SANG S X, YANG J F, et al. CO_2 sequestration capacity of anthracite coal in deep burial depth conditions and its potential uncertainty analysis: a case study of the No. 3 coal seam in the Zhengzhuang Block in Qinshui Basin. China[J]. Geosciences Journal, 2021, 25: 715-729.

[79] 王海柱, 沈忠厚, 李根生, 等. CO_2气体物性参数精确计算方法研究[J]. 石油钻采工艺, 2011, 33(5): 65-67.

[80] LI J F, XU K T, HE X, et al. Numerical simulation of CO_2 pipeline based on Span Wagner EOS[J]. Bulletin of Science and Technology, 2017, 33(5):10-15.

[81] 孙腾民,刘世奇,汪涛. 中国二氧化碳地质封存潜力评价研究进展[J]. 煤炭科学技术,2021,49(11):10-20.

[82] 刘延锋,李小春,白冰. 中国 CO_2 煤层储存容量初步评价[J]. 岩石力学与工程学报,2005(16):2947-2952.

[83] 黄定国,侯兴武,吴玉敏. 煤矿废弃矿井采空区封存 CO_2 的机理分析和能力评价[J]. 环境工程,2014,32(S1):1076-1080.

[84] 莫航,刘世奇,桑树勋. 苏北-南黄海盆地工业固定排放源 CO_2 地质封存源汇匹配研究[J]. 地质论评,2023,69(S1):128-130.

[85] 王宽,李永波,鞠萍. 中国煤炭行业动态碳减排效率研究[J]. 中国石油大学学报(社会科学版),2023,39(4):42-49.

[86] ZHU Q L, WANG C, FAN Z H, et al. Optimal matching between CO_2 sources in Jiangsu province and sinks in Subei-Southern South Yellow Sea basin, China[J]. Greenhouse Gases: Science and Technology, 2019, 9(1):95-105.

[87] ZHAO Y X, SUN Y F, LIU S M, et al. Pore structure characterization of coal by synchrotron radiation nano-CT[J]. Fuel, 2018, 215:102-110.

[88] SHI X H, PAN J, PANG L L, et al. 3D microfracture network and seepage characteristics of low-volatility bituminous coal based on nano-CT[J]. Journal of Natural Gas Science and Engineering, 2020, 83:103556.

[89] PRODANOVIĆ M, LINDQUIST W B, SERIGHT R S. 3D imagebased characterization of fluid displacement in a Berea core[J]. Advances in Water Resources, 2007, 30:214-226.

[90] LINDQUIST W B, VENKATARANGAN A, DUNSMUIR J, et al. Pore and throat size distributions measured from synchrotron X-ray tomographic images of Fontainebleau sandstones[J]. Journal of Geophysical Research Solid Earth, 2000, 105:21509-21527.

[91] VOGEL H J, ROTH K. Quantitative morphology and network representation of soil pore structure[J]. Advances in Water Resources, 2001, 24:233-242.

[92] DELERUE J F, PERRIER E D. a library for 3D image analysis in soil science[J]. Computers and Geosciences, 2002, 28:1041-1050.

[93] KNACKSTEDT M, ARNS C, SAADATFAR M, et al. Virtual materials design: properties of cellular solids derived from 3D tomographic images[J]. Advanced Engineering Materials, 2005, 7:238-243.

[94] 隋微波,权子涵,侯亚南,等. 利用数字岩心抽象孔隙模型计算孔隙体积压缩系数[J]. 石油勘探与开发,2020,11(2):1-9.

[95] 王团,赵海波,李奎周,等.一种考虑复杂孔隙结构的泥页岩地震岩石物理模型[J].中国石油大学学报(自然科学版),2019,43(3):45-55.

[96] DU Y,SANG S X,WANG W F,et al. Experimental study of the reactions of supercritical CO_2 and minerals in high-rank coal under formation conditions[J]. Energy & Fuels,2018,32(2):1115-1125.

[97] 魏博熙.应用数字岩心技术模拟高温高压气水渗流[D].成都:西南石油大学,2017.

[98] 孙英峰.基于煤三维孔隙结构的气体吸附扩散行为研究[D].北京:中国矿业大学(北京),2019.

[99] CLARKSON C R,BUSTIN R M. Binary gas adsorption/desorption isotherms: effect of moisture and coal composition upon carbon dioxide selectivity over methane[J]. International Journal of Coal Geology,2000,42(4):241-271.

[100] LANGMUIR I. The constitution and fundamental properties of solids and liquids. Part I. Solids[J]. Journal of the American chemical society,1916,38(11):2221-2295.

[101] REN T,WANG G,CHENG Y,et al. Model development and simulation study of the feasibility of enhancing gas drainage efficiency through nitrogen injection[J]. Fuel,2017,194:406-422.

[102] SHI J Q,MAZUMDER S,WOLF K H,et al. Competitive methane desorption by supercritical CO_2 injection in coal[J]. Transport in porous media,2008,75:35-54.

[103] 韩进,孙卫,杨波,等.低渗透储层不同成岩相微观孔隙结构特征及其测井识别差异性分析:以姬塬油田王盘山长 61 储层为例[J].现代地质,2018,32(6):1182-1193.

[104] 周淋,杨文敬,谢题志,等.苏里格气田南区莲 102 井区盒 8 段储层微观孔隙结构及气-水渗流特征[J].地质通报,2022,41(4):682-691.

[105] 刘晓旭,胡勇,朱斌,等.低渗砂岩气藏储层物性与孔喉结构分析[J].中外能源,2006(6):33-37.

[106] 刘书培.沁水盆地南部高阶煤储层 CO_2-ECBM 流体连续性过程模拟研究[D].徐州:中国矿业大学,2017.

[107] 梁卫国,张倍宁,韩俊杰,等.超临界 CO_2 驱替煤层 CH_4 装置及试验研究[J].煤炭学报,2014,39(8):1151-1160.

[108] RANATHUNGA A S,PERERA M S A,RANJITH P G. Influence of CO_2 adsorption on the strength and elastic modulus of low rank Australian coal under confining pressure[J]. International Journal of Coal Geology,2016,167:148-156.

[109] RANATHUNGA A S,PERERA M S A,RANJITH P G,et al. An experimental investigation of applicability of CO_2 enhanced coal bed methane recovery to low rank coal[J]. Fuel,2017,189:391-399.

[110] ZHAO Y L,FENG Y H,ZHANG X X. Selective adsorption and selective transport diffusion of CO_2-CH_4 binary mixture in coal ultra-micropores[J]. Environment Science & Technology,2016,50(17):9380-9389.

[111] 唐淑玲,汤达祯,杨焦生,等.鄂尔多斯盆地大宁-吉县区块深部煤储层孔隙结构特征及储气潜力[J].石油学报,2023,44(11):1854-1866,1902.

[112] OSCIK J. Adsorption[M]. Warszawa Poland:PWN-Polish Scientific Publishers,1979.

[113] 夏会辉,杨宏民,王兆丰,等.注气置换煤层甲烷技术机理的研究现状[J].煤矿安全,2012,43(7):167-171.

[114] 杨宏民,王兆丰,任子阳,等.煤中二元气体竞争吸附与置换解吸的差异性及其置换规律[J].煤炭学报,2015,40(7):1550-1554.

[115] 周强,丁瑞,刘增智.煤层储存二氧化碳的研究进展[J].煤炭科学技术,2008,36(11):109-112.

[116] 魏建平,李明助,王登科,等.煤样渗透率围压敏感性试验研究[J].煤炭科学技术,2014,42(6):76-80.

[117] 石晓巅.煤层气热采的等效热传导物理与数值模拟研究[D].太原:太原理工大学,2022.

[118] 吴建光,叶建平,唐书恒.注入CO_2提高煤层气产能的可行性研究[J].高校地质学报,2004(3):463-467.

[119] 薛艳鹏.岩石气测渗透率室内测定方法综述[J].科技展望,2015,25(24):155.

[120] LIU J S,CHEN Z W,ELSWORTH D,et al. Interactions of multiple processes during CBM extraction:a critical review[J]. International Journal of Coal Geology,2011,87(3-4):175-189.

[121] WANG G,WANG K,JIANG Y,et al. Reservoir permeability evolution during the process of CO_2-enhanced coalbed methane recovery[J]. Energies,2018,11(11):2996.

[122] WANG G,WANG K,WANG S,et al. An improved permeability evolution model and its application in fractured sorbing media[J]. Journal of Natural Gas Science and Engineering,2018,56:222-232.

[123] 王登科,吕瑞环,彭明,等.循环冷冲击作用下煤的渗透性变化规律试验研究[J].地下空间与工程学报,2019,15(2):409-415.

[124] FANG H H,SANG S X,LIU S Q. Establishment of dynamic permeability model of coal reservoir and its numerical simulation during the CO_2-ECBM process[J]. Journal of Petroleum Science and Engineering,2019,179:885-898.

[125] ZHANG H B,LIU J H,ELSWORTH D. How sorption-induced matrix deformation affects gas flow in coal seams:a new FE model[J]. International Journal of Rock Mechanics and Mining Sciences,2008,45(8):1226-1236.

[126] NIU Q H,CAO L W,SANG S X,et al. Anisotropic adsorption swelling and permeability characteristics with injecting CO_2 in coal[J]. Energy & Fuels,2018,32(2):1979-1991.

[127] CONNELL L D,LU M,PAN Z. An analytical coal permeability model for tri-axi-

al strain and stress conditions[J]. International Journal of Coal Geology, 2010, 84(2): 103-114.

[128] 热依拉·阿布都瓦依提,马凤云,张翔,等. 低场核磁共振技术在煤炭岩相孔隙结构中的应用[J]. 核技术,2017,40(12):47-52.

[129] LIU W, WANG G, HAN D Y, et al. Accurate characterization of coal pore and fissure structure based on CT 3D reconstruction and NMR[J]. Journal of Natural Gas Science and Engineering, 2021, 96: 104242.

[130] BAI G, ZHOU Z J, LI X M, et al. Quantitative analysis of carbon dioxide replacement of adsorbed methane in different coal ranks using low-field NMR technique[J]. Fuel, 2022, 326: 124980.

[131] WANG G, HAN D Y, QIN X J, et al. A comprehensive method for studying pore structure and seepage characteristics of coal mass based on 3D CT reconstruction and NMR[J]. Fuel, 2020, 281: 118735.

[132] LIANG Y P, TAN Y T, WANG F K, et al. Improving permeability of coal seams by freeze-fracturing method: The characterization of pore structure changes under low-field NMR[J]. Energy Reports, 2020, 6: 550-561.

[133] CHEN S, TANG D, TAO S, et al. Fractal analysis of the dynamic variation in pore-fracture systems under the action of stress using a low-field NMR relaxation method: An experimental study of coals from western Guizhou in China[J]. Journal of Petroleum Science and Engineering, 2019, 173: 617-629.

[134] YAO Y B, LIU D M, CHE Y, et al. Petrophysical characterization of coals by low-field nuclear magnetic resonance (NMR)[J]. Fuel, 2010, 89(7): 1371-1380.

[135] XIE S B, YAO Y B, CHEN J Y, et al. Research of micro-pore structure in coal reservoir using low-field NMR[J]. Journal of China Coal Society, 2015, 40(1): 170-176.

[136] 李树刚,白杨,林海飞,等. N_2/CO_2 注入压力对含瓦斯煤岩中甲烷解吸的影响[J]. 天然气工业,2021,41(3):80-89.

[137] BAI G, ZENG X K, LI X M, et al. Influence of carbon dioxide on the adsorption of methane by coal using low-field nuclear magnetic resonance[J]. Energy & Fuels, 2020, 34(5): 6113-6123.

[138] FAN C J, YANG L, WANG G, et al. Investigation on coal skeleton deformation in CO_2 injection enhanced CH_4 drainage from underground coal seam[J]. Frontiers in Earth Science, 2021, 9: 766011.

[139] FAN C J, YANG L, SUN H, et al. Recent advances and perspectives of CO_2-enhanced coalbed methane: experimental, modeling, and technological development[J]. Energy & Fuels, 2023, 37(5): 3371-3412.

[140] LI Z, YU H, BAI Y, et al. Numerical study on the influence of temperature on CO_2-ECBM[J]. Fuel, 2023, 348: 128613.

[141] WANG G,XU F,XIAO Z Y,et al. Improved permeability model of the binary gas interaction within a two-phase flow and its application in CO_2-enhanced coalbed methane recovery[J]. ACS omega,2022,7(35):31167-31182.

[142] HAMELINCK C N,FAAIJ A P C,TURKENBURG W C,et al. CO_2 enhanced coalbed methane production in the Netherlands[J]. Energy,2002,27(7):647-674.

[143] YAMAZAKI T,ASO K,CHINJU J. Japanese potential of CO_2 sequestration in coal seams[J]. Applied energy,2006,83(9):911-920.

[144] ZHENG S J,YAO Y B,SANG S X,et al. Dynamic characterization of multiphase methane during CO_2-ECBM:An NMR relaxation method[J]. Fuel,2022,324:124526.

[145] LIU X L,WU C F,ZHAO K. Feasibility and applicability analysis of CO_2-ECBM technology based on CO_2-H_2O-coal interactions[J]. Energy & Fuels,2017,31(9):9268-9274.

[146] ZHENG S J,YAO Y B,ELSWORTH D,et al. Dynamic fluid interactions during CO_2-enhanced coalbed methane and CO_2 sequestration in coal seams. Part 1:CO_2-CH_4 interactions[J]. Energy & Fuels,2020,34(7):8274-8282.

[147]蒋长宝,魏文辉,刘晓冬,等.应力-应变-渗流耦合条件下煤岩渗流特性及其可视化研究[J].矿业安全与环保,2022,49(5):59-63,72.

[148]章艳红,叶淑君,吴吉春.光透法定量两相流中流体饱和度的模型及其应用[J].环境科学,2014,35(6):2120-2128.

[149]胡彪.煤中多尺度孔隙结构的甲烷吸附行为特征及其微观影响机制[D].徐州:中国矿业大学,2023.

[150]张开仲.构造煤微观结构精细定量表征及瓦斯分形输运特性研究[D].徐州:中国矿业大学,2020.

[151] GUO H G,YU Z S,ZHANG H X. Phylogenetic diversity of microbial communities associated with coalbed methane gas from Eastern Ordos Basin,China[J]. International Journal of Coal Geology,2015,150:120-126.

[152] LIU Q Q,CHENG Y P,ZHOU H X,et al. A mathematical model of coupled gas flow and coal deformation with gas diffusion and Klinkenberg effects[J]. Rock Mechanics and Rock Engineering,2015,48:1163-1180.

[153] XIA T Q,ZHOU F,GAO F,et al. Simulation of coal self-heating processes in underground methane-rich coal seams[J]. International Journal of Coal Geology,2015,141:1-12.

[154] WU Y,LIU J S,CHEN Z W,et al. A dual poroelastic model for CO_2-enhanced coalbed methane recovery[J]. International Journal of Coal Geology,2011,86(2-3):177-189.

[155] FANG H H,SANG S X,LIU S Q. Numerical simulation of enhancing coalbed methane recovery by injecting CO_2 with heat injection[J]. Petroleum Science,2019,16:32-43.

[156] FAN Y P, DENG C B, ZHANG X, et al. Numerical study of CO_2-enhanced coalbed methane recovery[J]. International Journal of Greenhouse Gas Control, 2018, 76: 12-23.

[157] ZHU W C, WEI C H, LIU J, et al. A model of coal-gas interaction under variable temperatures[J]. International Journal of Greenhouse Gas Control, 2011, 86(2-3): 213-221.

[158] MORA C A, WATTENBARGER R A. Analysis and verification of dual porosity and CBM shape factors[J]. Journal of Canadian Petroleum Technology, 2009, 48(2): 17-21.

[159] LI S, FAN C J, HAN J, et al. A fully coupled thermal-hydraulic-mechanical model with two-phase flow for coalbed methane extraction[J]. Journal of Natural Gas Science and Engineering, 2016, 33: 324-336.

[160] CHEN D, PAN Z J, LIU J S, et al. An improved relative permeability model for coal reservoirs[J]. International Journal of Coal Geology, 2013, 109-110: 45-57.

[161] MA T R, RUTQVIST J, OLDENBURG C M, et al. Fully coupled two-phase flow and poro-mechanics modeling of coalbed methane recovery: Impact of geomechanics on production rate[J]. Journal of Natural Gas Science and Engineering, 2017, 45: 474-486.

[162] WU Y, LIU J S, ELSWORTH D, et al. Dual poroelastic response of a coal seam to CO_2 injection[J]. International Journal of Greenhouse Gas Control, 2010, 4(4): 668-678.

[163] WANG J G, KABIR A, LIU J S, et al. Effects of non-Darcy flow on the performance of coal seam gas wells[J]. International Journal of Coal Geology, 2012, 93: 62-74.

[164] CUI G L, LIU J S, WEI M Y, et al. Evolution of permeability during the process of shale gas extraction[J]. Journal of Natural Gas Science and Engineering, 2018, 49: 94-109.

[165] WANG G, WANG K, JIANG Y J, et al. Reservoir permeability evolution during the process of CO_2-enhanced coalbed methane recovery[J]. Energies, 2018, 11: 2996.

[166] WANG G, WANG K, WANG S G, et al. An improved permeability evolution model and its application in fractured sorbing media[J]. Journal of Natural Gas Science and Engineering, 2018, 56: 222-232.

[167] ZHANG K, SANG S, MA M, et al. Experimental Study on the Influence of Effective Stress on the Adsorption-Desorption Behavior of Tectonically Deformed Coal Compared with Primary Undeformed Coal in Huainan Coalfield, China[J]. Energies, 2022, 15(18): 6501.

[141] WANG G, XU F, XIAO Z Y, et al. Improved permeability model of the binary gas interaction within a two-phase flow and its application in CO_2-enhanced coalbed methane recovery[J]. ACS omega, 2022, 7(35): 31167-31182.

[142] HAMELINCK C N, FAAIJ A P C, TURKENBURG W C, et al. CO_2 enhanced coalbed methane production in the Netherlands[J]. Energy, 2002, 27(7): 647-674.

[143] YAMAZAKI T, ASO K, CHINJU J. Japanese potential of CO_2 sequestration in coal seams[J]. Applied energy, 2006, 83(9): 911-920.

[144] ZHENG S J, YAO Y B, SANG S X, et al. Dynamic characterization of multiphase methane during CO_2-ECBM: An NMR relaxation method[J]. Fuel, 2022, 324: 124526.

[145] LIU X L, WU C F, ZHAO K. Feasibility and applicability analysis of CO_2-ECBM technology based on CO_2-H_2O-coal interactions[J]. Energy & Fuels, 2017, 31(9): 9268-9274.

[146] ZHENG S J, YAO Y B, ELSWORTH D, et al. Dynamic fluid interactions during CO_2-enhanced coalbed methane and CO_2 sequestration in coal seams. Part 1: CO_2-CH_4 interactions[J]. Energy & Fuels, 2020, 34(7): 8274-8282.

[147] 蒋长宝,魏文辉,刘晓冬,等.应力-应变-渗流耦合条件下煤岩渗流特性及其可视化研究[J].矿业安全与环保,2022,49(5):59-63,72.

[148] 章艳红,叶淑君,吴吉春.光透法定量两相流中流体饱和度的模型及其应用[J].环境科学,2014,35(6):2120-2128.

[149] 胡彪.煤中多尺度孔隙结构的甲烷吸附行为特征及其微观影响机制[D].徐州:中国矿业大学,2023.

[150] 张开仲.构造煤微观结构精细定量表征及瓦斯分形输运特性研究[D].徐州:中国矿业大学,2020.

[151] GUO H G, YU Z S, ZHANG H X. Phylogenetic diversity of microbial communities associated with coalbed methane gas from Eastern Ordos Basin, China[J]. International Journal of Coal Geology, 2015, 150: 120-126.

[152] LIU Q Q, CHENG Y P, ZHOU H X, et al. A mathematical model of coupled gas flow and coal deformation with gas diffusion and Klinkenberg effects[J]. Rock Mechanics and Rock Engineering, 2015, 48: 1163-1180.

[153] XIA T Q, ZHOU F, GAO F, et al. Simulation of coal self-heating processes in underground methane-rich coal seams[J]. International Journal of Coal Geology, 2015, 141: 1-12.

[154] WU Y, LIU J S, CHEN Z W, et al. A dual poroelastic model for CO_2-enhanced coalbed methane recovery[J]. International Journal of Coal Geology, 2011, 86(2-3): 177-189.

[155] FANG H H, SANG S X, LIU S Q. Numerical simulation of enhancing coalbed methane recovery by injecting CO_2 with heat injection[J]. Petroleum Science, 2019, 16: 32-43.

[156] FAN Y P,DENG C B,ZHANG X,et al. Numerical study of CO_2-enhanced coalbed methane recovery[J]. International Journal of Greenhouse Gas Control,2018,76:12-23.

[157] ZHU W C,WEI C H,LIU J,et al. A model of coal-gas interaction under variable temperatures[J]. International Journal of Greenhouse Gas Control,2011,86(2-3):213-221.

[158] MORA C A,WATTENBARGER R A. Analysis and verification of dual porosity and CBM shape factors[J]. Journal of Canadian Petroleum Technology,2009,48(2):17-21

[159] LI S,FAN C J,HAN J,et al. A fully coupled thermal-hydraulic-mechanical model with two-phase flow for coalbed methane extraction[J]. Journal of Natural Gas Science and Engineering,2016,33:324-336.

[160] CHEN D,PAN Z J,LIU J S,et al. An improved relative permeability model for coal reservoirs[J]. International Journal of Coal Geology,2013,109-110:45-57.

[161] MA T R,RUTQVIST J,OLDENBURG C M,et al. Fully coupled two-phase flow and poro-mechanics modeling of coalbed methane recovery:Impact of geomechanics on production rate[J]. Journal of Natural Gas Science and Engineering,2017,45:474-486.

[162] WU Y,LIU J S,ELSWORTH D,et al. Dual poroelastic response of a coal seam to CO_2 injection[J]. International Journal of Greenhouse Gas Control,2010,4(4):668-678.

[163] WANG J G,KABIR A,LIU J S,et al. Effects of non-Darcy flow on the performance of coal seam gas wells[J]. International Journal of Coal Geology,2012,93:62-74.

[164] CUI G L,LIU J S,WEI M Y,et al. Evolution of permeability during the process of shale gas extraction[J]. Journal of Natural Gas Science and Engineering,2018,49:94-109.

[165] WANG G,WANG K,JIANG Y J,et al. Reservoir permeability evolution during the process of CO_2-enhanced coalbed methane recovery[J]. Energies,2018,11:2996.

[166] WANG G,WANG K,WANG S G,et al. An improved permeability evolution model and its application in fractured sorbing media[J]. Journal of Natural Gas Science and Engineering,2018,56:222-232.

[167] ZHANG K,SANG S,MA M,et al. Experimental Study on the Influence of Effective Stress on the Adsorption-Desorption Behavior of Tectonically Deformed Coal Compared with Primary Undeformed Coal in Huainan Coalfield, China [J]. Energies, 2022, 15 (18):6501.